朝日新書
Asahi Shinsho 844

防衛省の研究

歴代幹部でたどる戦後日本の国防史

辻田真佐憲

朝日新聞出版

はじめに

「日本の防衛計画は、国家安全保障会議と閣議によって決定される『防衛計画の大綱』によって規定されています（現在は2018年に策定された「現防衛大綱」）。あなたはこのことを知っていますか」

二〇二一年一、二月の調査では、その答えの割合は、「知っている」が二二・七％、「知らない」が七七・二％、「無回答」が〇・二％だった（ミリタリー・カルチャー研究会『日本社会は自衛隊をどうみているか』）。

安全保障の専門家にとって、驚きの数字かもしれない。だが、これが現実だ。じっさい、多くの読者も防衛大綱の内容を詳しく説明できないだろう。それどころか、シビリアン・コントロールにしても、防衛費のGDP（GNP）一％枠にしても、ほとんど知識を持ち合わせていないのではないか。これでは、防衛省や自衛隊について有益な議論などできようはずがなく、防衛政策をめぐって、右だ、左だと話が空転してしまうのもやむをえない。

本書の目的は、歴史を通じてかかる状況に挑戦することである。より具体的にいえば、太平洋戦争の海戦や軍人評のように、戦後の安全保障も語りやすくすることである。

われわれは太平洋戦争の歴史が大好きだ。目の前のできごとはすぐにそれと比較してしまう。無謀なプランはインパール作戦、嘘だらけの公式発表は大本営発表、強権的な政治家は東条英機——というように。よく耳にする玉砕も、神風も、一億総〇〇も、すべて太平洋戦争にひもづいている。

あまり歴史に詳しくなくても、太平洋戦争期の軍人について誰もがぼんやりとしたイメージをもっている。東条英機は、小うるさい独裁者。山本五十六は、真珠湾攻撃を構想した博打打ち。牟田口廉也（むたぐちれんや）は、部下に責任を押し付ける上司。顔だって、なんとなく思い浮かぶ。近年では、そういう典型的な人物像に訂正を迫る著作が多いが、そうしたものさえ、以上のようなイメージを前提にして書かれている。それぐらい、太平洋戦争の歴史はわれわれの日常に深く浸透しているのだ。

これにたいして、戦後の安全保障史はどうだろうか。防衛官僚や幹部自衛官と言われて、はたして何人名前があがるだろうか。その性格は、なした功績は、顔のイメージは？　自衛隊の前身である警察予備隊の設立から七〇年以上も経過しているのに、まったく寂しい感じを禁じえない。

なぜここまで太平洋戦争とのあいだで違いが出てしまったのか。もちろん、この国に深い傷跡を残した、さきの戦争の過酷さもあろう。だがそれ以上に、戦後の安全保障が十分に歴史化されていないからだ、というのが筆者の考えである。

歴史化とは、たんに過去の事実を羅列することではない。それは、歴史家がみずからの世界観にもとづいて、事実を取捨選択し、事件やできごとに意味を与え、ときにわかりやすく図式化し、登場人物の本質を生き生きと魅力的に描写することで、過去の事象と読者をなめらかに接続することを意味する。ようするに、歴史（ヒストリー）化とは物語（ストーリー）化を意味する。

太平洋戦争期の軍人だって、はじめからイメージが決まっていたわけではない。それは、先行世代の優れた書き手によってひとつずつ練り上げられてきたものなのだ。歴史書で最近流行りの惹句「最近の研究によれば、AはBではなく……」云々も、誰かが先立って打ち立てた「AはBである」に依存しているのであって、新たに「AはCである」と説得的に打ち立てない限り、その掌で踊っているにすぎない。

すべてにおいてまず、この一次的な歴史化がなければならない。そして戦後の安全保障は、この歴史化が十分ではなく、ひとびとの口の端に上りにくくなっていたのである。このような事態は、中国の台頭や北朝鮮の核・ミサイル実験などで日々緊張感を高めている北東アジアに位置する日本で生活するものにとって、また折々の国政選挙で政治家に審判を下すものにとって、けっして好ましいことではなかった。

そこで本書は、人物に着目することで、戦後の安全保障を歴史化しようと試みる。人物に着目したのは、司馬遷やヘロドトスの古典的名著を持ち出すまでもなく、人物こそ歴史の窓口だからだ。本邦にも「人は濠、人は石垣、人は城」の名言がある。ここである程度の見取り図を手に入れれば、それを手がかりとして、シビリアン・コントロールや防衛大綱など、個々のテーマに入っていくこともできるだろう。

もとより、歴史化＝物語化が大切だといっても、細かな事実関係をないがしろにしようというのではない。本書でめざすのは、過剰な細分化と粗雑な物語化の中間である。

自衛隊にかんする本はしばしば、自衛隊賛美で埋め尽くされるものがある。評価すべきところは当然するべきだが、しかし、なんでもかんでも肯定するのは、思考停止という点で、かつて自衛隊をみれば十把一絡げに批判した教条主義的な左翼のそれと大差ない。こういう粗雑な物語化もまた本書は取らない。

それでは、前置きはこれぐらいにして、現在の防衛省・自衛隊に連なる歴史の世界に踏み入ることにしよう。

凡例

- 年齢は注記のない限り、満年齢とした。
- 引用にあたっては、読みやすさを考慮して、漢字の字体やかなづかいを改め、適宜句読点や濁点などを補い、改行を行うなどした。
- 引用文中、今日では不適切と思われる語句や表現などもみられるが、これらは時代背景や歴史資料としての価値を尊重し、そのままとした。
- 引用文中の［ ］は、引用者による挿入である。
- 写真は特記しない限り、すべて朝日新聞社の提供による。

防衛省の研究

歴代幹部でたどる戦後日本の国防史

目次

第三部　内憂外患と動く自衛隊　195

主要登場人物生年		世の中のできごと
1868年		明治改元
1877	野村吉三郎	
1878	吉田茂	
1880	マッカーサー	
1891	槇智雄	
1892	ウィロビー	
1894		日清戦争勃発
1897	ホイットニー	
1898	山本善雄	
1901	昭和天皇、服部卓四郎、アーレイ・バーク	
1903	増原恵吉、大久保武雄	
1904		日露戦争勃発
1907	林敬三	
1912		大正改元
1914		第一次世界大戦勃発
1917	海原治	
1920	栗栖弘臣	
1921	久保卓也	
1922	伊藤圭一	
1925	三島由紀夫	
1926		昭和改元
1927	夏目晴雄	
1930	西廣整輝	
1931		満洲事変勃発
1933	上皇明仁	
1937		日中戦争勃発
1941		太平洋戦争勃発
1944	守屋武昌	
1948	田母神俊雄	
1950		朝鮮戦争勃発、警察予備隊発足
1954	河野克俊	防衛庁・自衛隊発足

第一部　朝鮮戦争と内務軍閥の覇権

第一章　知られざる自衛隊の父――「昭和の大村益次郎」増原恵吉

空をつくよな大鳥居　こんな立派な御社に――。

九段下の駅をおりて九段坂をのぼると、かつてこう歌われた靖国神社の第一鳥居がみえてくる。高さ二五メートル。一九七四年に再建されたそれは耐候性鋼からなり、八階建てのビルに相当する大きさながら、震度七の地震に耐え、風速八〇メートルの風にも揺らがず、一二〇〇年の耐用年数を誇るという。

その威容を仰ぎながら同社の外苑に踏み入ると、つづく第二鳥居との間に、日本陸軍の父と呼ばれる大村益次郎の銅像がそびえ立っている。

大村は長州藩出身の軍政家で、明治新政府の兵部大輔を務め、徴兵制の導入を立案するなど近代軍制の礎を築いたが、急進的な軍政改革に不満を覚えた攘夷派の浪士に襲撃され、一八六九年、すなわち明治二年、志なかばにたおれた。あまりに早く亡くなったので、この東京でもっとも古い西洋式の銅像（一八九三年製）がなければ、いま思いを馳せるひとも少ないだろう。

では、この大村益次郎にちなんで「昭和の大村益次郎」あるいは「現代版・大村益次郎」と呼ばれた人物を知っているだろうか。警察予備隊本部長官、保安庁次長、防衛庁次長（現・防衛事務次官）、そして防衛庁長官を歴任した、増原恵吉がそのひとである。かかる燦爛（さんらん）たる経歴にもかかわらず、銅像のひとつもなく、その人物像は謎に包まれている。これは戦後日本の安全保障史上、大きな手抜かりではなかったか。防衛省・自衛隊の歴史をふりかえるにあたり、まず彼を取り上げるにしくはない。

内務省の抜け目ない鬼課長

増原は、一九〇三年一月一三日、愛媛県北宇和郡宇和島町（現・宇和島市）で、増原定蔵の次男として生まれた。宇和島は幕末に雄藩のひとつに数えられた宇和島藩の中心であり、大審院長を務めた児島惟謙、「鉄道唱歌」を作詞した大和田建樹、超古代史の研究で知られる木村鷹太郎など、数々の逸材を輩出した地として知られる。

「腕白でストライキをやって、無期停学になったこともありました」と告白しながら、「中学校時代の学業成績は一ばんになることが多かった」（増原恵吉・大竹政範「国防にタカ派ハト派の区別なし」）と語る増原もまた、これら諸先輩のあとを追った。

そもそも義務教育が尋常小学校までだった当時、中学校まで行けたのは一部の富裕層や秀才のみ。そこから高等学校を経て、帝国大学に進めたのは本当に一握りのエリートだけだった。なかでも増原は、もっとも格の高い第一高等学校を経て、東京帝国大学に進む黄金コースをたどった。

増原には海軍兵学校に入る夢もあった。だが、兄が早くに亡くなり、事実上の一人っ子だったため諦めたという。同学年の軍人には、真珠湾攻撃を現場で指揮した海軍の淵田美津雄、マレー半島攻略戦を成功させて「作戦の神様」と呼ばれた陸軍の辻政信などがいる。少しのボタンの掛け違いで、増原も中堅幕僚としてあるいは太平洋戦争で雄飛した歴史もないではなかった。

増原恵吉

さて、増原は東京帝大法学部政治学科を卒業し、一九二八年四月、二五歳で内務省に入った。内務省は、地方行政、警察、衛生、土木など内政全般を司ったお化け官庁で、戦後、GHQの指令で解体された。

現在の総務省、警察庁、国土交通省、厚生労働省、そして各都道府県庁などを合わせたものにほぼ相当するといえば、その存在感が伝わるだろう。当時、各県知事は公選制ではなく、内務省の官僚が務めていた。さらに、文部省（現・文部科学省）が内務省文部局など陰で呼ばれたように、ほかの官庁もその影響下におさめていた。こうした権限の大きさから、内務省はエリートの就職先として一番人気だった。

増原はそのなかで、おもに警察畑を進んだ。一九三〇年九月、二七歳で和歌山県保安課長に就任。翌年六月、同県特高課長に転ずるや、日本共産党の残党を検挙するため陣頭指揮を執った（『和歌山県警察史』第二巻）。

このころ共産党は武装路線をとっており、和歌山県では二月に警察とのあいだで銃撃戦を起こしたばかり（新和歌浦事件。当時の同党指導者、田中清玄、佐野博がすんでのところで逮捕をまぬかれた）。今回も警察官がひとり殉職するほど取り締まりは危険をきわめた。

若くして功績を上げた増原は、北海道庁保安課長、兵庫県警務課長と進み、一九三六年五月、三三歳で警視庁警務課長に栄転した。まさに階段を駆け上がるような出世ぶりだった。

警視庁時代の増原は、部下から「鬼課長」と敬遠された。その態度があまりに官僚的で、「ヤカマシ屋」だったからだった（「警察予備隊長官論　＝増原恵吉君＝」「丸味もできた生ッ粋のサーベル人」）。そのいっぽうで、抜け目なく、世渡りのうまい面もあった。増原は若いころに実力者の大達茂雄（おおだちしげお）に気に入られ、出世の緒を摑んだといわれている。

増原より一一歳上の大達は、内務官僚でもエース中のエースだった。満洲国国務院総務庁長、内務次官を歴任し、太平洋戦争下に、昭南特別市（シンガポール）市長、東京都長官、内務大臣を総なめした。それだから、こんなエピソードも驚くに値しない。

満洲時代のこと。のちに外務大臣になる松岡洋右（まつおかようすけ）が、満鉄（南満州鉄道株式会社）総裁赴任の挨拶がてら、大達たちを会食に誘った。大達は「松岡に会うのはいいが」と言いながら、傲岸に、こう返事した。

「こちらから伺候するつもりはない。松岡は民間会社の社長だ。私は松岡からみれば、年からいっても後輩かもしれんが、満州国の総務庁長といえば総理大臣なんだ。総理大臣が社長に伺候することがあるか。会いたければ、そちらから出向いてくればいいだろう」

（八木淳『文部大臣列伝』）

警察部長なのに召集される

かくも誇り高い内務官僚にとって、最大の敵は陸軍だった。

ゴーストップ事件を知っているだろうか。一九三三年、大阪市内で警察官が一兵士の交通違反を見咎めて派出所に連行したところ、上部組織の大阪府知事と第四師団長が出張り、「軍の威信を傷つけるな」「いやお前こそ、警察権を侵害するな」と意地の張り合いとなり、はては大臣クラスまで巻き込む紛擾に発展した、喜劇的な事件である。そんなくだらないことで……と思うかもしれないが、それくらい両者のなかは険悪だった。

やがて一九三七年、日中戦争が勃発すると、陸軍はまるで意趣返しのように、警察の幹部であろうと容赦なく召集令状を発することになった。一九四〇年七月、三七歳で山形県警察部長に就任した増原も例外ではなかった。今日の山形県警察本部長に相当する要職だったにもかかわらず、翌年七月、召集されて満洲に駐屯する第一一師団の主計少尉に配属されたのである。

ここでかんたんに旧日本軍の階級を振り返っておこう。日本軍の階級は大きく、指揮官クラスの将校（士官）、下級幹部の下士官、そして徴兵で集められる兵の三つにわけられる。一九四一年時点の陸軍では、大将、中将、少将、大佐、中佐、少佐、大尉、中尉、少尉が将校、曹長、軍曹、伍長が下士官、兵長、上等兵、一等兵、二等兵が兵にあたる。

将校や下士官は、軍の学校を卒業したり、試験に合格したりしないとなれない。どんな高位の文官でも、徴兵されれば一番下の兵からスタートするのが原則だった。当然ながら、下の階級になるほど、待遇は悪くなった。東京帝大助教授だった政治学者の丸山真男が二等兵として徴兵され、上官より殴打されたことはよく知られている。

もちろん、抜け道はあった。高学歴のものは特別な制度を使えば、例外的に裏方の将校や下士官になることができたのだ。軍としても、高齢の官僚出身者などは前線でドンパチさせるよりも、後方で経理（主計）や法務を担当させたほうが効率的だった。軍もまた巨大な官僚組織。戦時下で忙しくなればなるほど、こうした人材は欠かせなかった。

増原が主計少尉で配属されたのも、陸軍の幹部候補生制度にもとづく。二等兵よりマシだったが、それでも少尉といえば、士官学校を卒業したばかりの二〇代前半の若者でもなれる階級。およそ県警本部長クラスのつく立場ではなかった。とりわけ陸軍では、増原以上に劣悪な環境に置かれた内務官僚も多かった。この屈辱はやがて、自衛隊のシビリアン・コントロールに大きな影を落とすことになる。

増原は満洲で、陸軍の対ソ戦準備（いわゆる関東軍特種演習）の庶務にあたった。当時、ドイツがソ連に攻め込み連戦連勝していたので、それに便乗してソ連に侵攻しようという計画があったのだ。結果的に、対ソ開戦は断念され、一九四一年一二月八日、一転して米英相手の太平洋戦争に突入することになるのだが、増原もその動きに翻弄された。

「その時［召集時］は山形の警察部長ですよ。それから引っぱられまして満州の虎林へ行ってソ連と戦うということでしたね。しばらくしたらソ連とは戦争はしないことになって、主計少尉だから、ずい分越冬準備やなんかを勉強しました。そうしたら突然南へ行けということになって零下三〇度になったところから南へ。そこで四～五日暇があるので東京に帰って来たら、内々で内務省の連中から『どうも、いよいよアメリカとやることになりそうだ』という話を聞いて、南へ行くのはえらいことだなと思いながら門司［現・北九州市］から乗船して［台湾北部の］キールンへ着いたのが十二月八日です」（「国防にタカ派ハト派の区別なし」）

増原はその後、サイゴン（現・ベトナムのホーチミン）を経て、マレー半島中腹のシンゴラに上陸。シンガポールへ向けて快進撃する陸軍第二五軍のあとを追って、アロールスター、タイピン、クアラルンプールと南進し、英軍降伏とともに、シンガポールに入城した。占領にあたっては、第二五軍軍政部宗教教育科長として、「下手な英語で」（前掲書）同市役所や最高裁判所などを接収してまわった。

ちなみにそのとき親交を深めたのが、第二五軍参謀の杉田一次中佐だった。英軍降伏にあたって同軍司令官の山下奉文（やましたともゆき）がパーシバル司令官に「イエスか、ノーか」と迫ったのは有名だが、そのとき英語の通訳をしていたのがこの杉田で、のちに陸上自衛隊に入り（最終的に陸上幕僚長）、その頂点に君臨する増原と立場が逆転することになる。

幸いにして増原は、戦局が悪化しないうちに召集解除され、一九四二年後半以降内地に戻り、警視庁刑事部長、千葉県警察部長などを歴任し、一九四五年八月、警視庁警務部長として終戦を迎えた。その前夜に陸軍の主戦派が起こしたクーデタ（宮城（きゅうじょう）事件）に際しては、町村金五警視総監の命令で宮城（皇居）に入り、情勢の把握に当たっている。地味ながらかれもまた、あの「日本のいちばん長い日」にうごめいたひとりだった。

香川県知事で苦労して丸くなる

そんな内務官僚にとって、マッカーサー元帥率いる連合国軍（その最高司令部をGHQという）による占領統治は一大悲劇だった。警察を所管し、思想犯の取り締まりなどをしていたため、内務官僚はつぎつぎに公職追放でクビにされ、さらに大元の内務省も一九四七年一二月に解体されてしまった。

そのなかで、増原は強運だった。かつて和歌山県で特高課長を務めていたにもかかわらず、なんとか公職追放をまぬかれ、大阪府警察局長、警視庁警務部長を渡り歩き、一九四六年六月、官選の香川県知事に就任した。翌年四月に県知事が公選制となると、増原は依願退職し、当時衆議院で最大勢力を誇った民主党の支援を受けて選挙に打って出た。そして一三万四七〇九票を得てみごと当選、あらためて香川県知事の職務に当たったのである。

知事時代の増原は、四国総合開発計画に力を注いだ。これは、「鉄道・道路・港湾等の交通網、森林資源を含めた治山治水、多目的ダムの建設による用水確保と電源開発でもって工業を起すという、多角的広域的な四国の開発を構想したもの」であり、具体的には吉野川総合開発として進められた（『香川県史』第七巻）。

ただ、日本国憲法が同年五月に施行され、知事はかつてのように強権を振りかざしてものごとを進められなかった。財政難も重なった。増原はその苦労により角が取れ、人当たりが丸くなった。原内栄県議は当時のかれを「颯爽たる風格、円満なる人格、滔々たる熱弁、誠実人をそらさぬ性格、斗酒尚辞せぬ社交振り」と評している（前掲書）。

もっとも、その世渡りのうまさは相変わらずだった。一九四八年一〇月、中央政界で吉田茂が首相に返り咲くや、こんどは民主自由党（のちの自由党。やがてさきの民主党を前身のひとつとする日本民主党と合同して、現在の自由民主党を形成する）に近づいた。そして逆に県議会の民主党勢力を切り崩しにかかり、同じ内務省出身の増田甲子七や、民主党より離脱した犬養健など有力政治家の評価を得たのである。また、高知県を地盤とする吉田が四国入りするときは、高松港で出迎えるなど忠勤にこれ励んだ。

さまざまな政治家が台頭した戦後政治のなかで、このワンマン首相こそ次代を担う存在だ。そう嗅ぎ分けた増原の嗅覚はさすがというほかない。たんに丸くなったというより、政治力を身に着けたというべきだろう。

そしてこの吉田との関係が、やがて大きな効果を発揮することになる。

朝鮮戦争で白羽の矢が立つ

「戦争放棄に関する憲法草案の条項に於きまして、国家正当防衛権に依る戦争は正当なりとせらるるようであるが、私は斯くの如きことを認むることが有害であると思うのであります」

吉田茂首相は一九四六年六月、これから定められる憲法を審議する国会のやり取りで、こう大見得を切った。まるで憲法九条は個別的自衛権さえ許容しないと主張するかのようだ。ちなみに質問者は、共産党の野坂参三。かれは逆に自衛戦争は認められるべきだという論陣を張った。集団的自衛権の解釈改憲をめぐって大混乱した記憶も新しい現在では、隔世の感がある。

それはともかく、憲法九条は戦争の放棄をうたい、「陸海空軍その他の戦力は、これを保持しない。国の交戦権は、これを認めない」とした。現実問題として、旧陸海軍に代わる実力組織は新生日本に欠いたままだった。

そこにあまりに大きな一石を投じたのが、一九五〇年六月二五日に勃発した朝鮮戦争だった。奇襲に成功した北朝鮮軍は、たちまちソウルを陥落させ、南側を完全に併呑する勢いを見せた。マッカーサー元帥はこれを受け、七月八日、吉田茂首相宛に急遽歴史的な書簡を提出した。

「私は日本政府に対し、七万五〇〇〇人のNational Police Reserveの創設と海上保安庁定員の八〇〇〇名増加に必要な措置をとることを許可する」（大嶽秀夫編・解説『戦後日本防衛問題資料集』第一巻。一部、引用者が手を加えた）

「許可」となっているが、これは事実上の指令だった。つまり、新しい組織を創れというのだが、書簡の内容はいまいち要領を得なかった。

岡崎勝男官房長官と大橋武夫法務総裁（法律問題にかんする政府の最高顧問）は、知恵を絞った。いまの日本は、憲法の制約で軍隊を持てない。とはいえ、この情勢で求められる組織は、ただの警察組織ではあるまい――。結局、ふたりはNational Police Reserveを「警察の背後にある強力な部隊で、相当高度な武装をした組織」と理解し、「警察予備隊」と名付けることにした。

「Policeは警察、Reserveは予備隊だ。これをつなげると〈警察予備隊〉となる。『よし、これでいこう』ということになった。警察予備隊という名前はこの場で決まったもので、いわば岡崎君と私［大橋］が名付け親ということになる」（読売新聞戦後史班編『昭和戦後史「再軍備」の軌跡』）

かねて国内の混乱により警察力の不足を憂慮していた吉田首相は、マッカーサー書簡を好意的に受け止めた。そしてさっそく大橋、岡崎らを中心とする設立準備委員会を設けて、幹部の人事を検討させた。武装組織を率いるのは、旧軍出身者が無理だとすれば警察出身者しかいない。大橋は内務省出身で、警察の内部事情に詳しかった。そこでトップの本部長官候補として白羽の矢を立てたのが、ほかならぬ同期入省の増原だった。あの増原なら――。吉田も異存はなかった。

「増原君は私が初めて高知県から選挙に出た当時、大阪から高松を経て選挙区入りした際、高松で会って会食などをしたこともあり、人柄をよく知っていた」（吉田茂『回想十年2』）

ここで、増原のひと付き合いがものを言ったのである。

また、長官を補佐する次長には、労働次官の江口見登留（みとる）が内定した。江口もまた内務省の出身だった。内務省は解体されても、その人脈はまだまだ健在だった。

内務省人脈をフル活用して組織づくり

とはいえ、以上の人事は増原抜きで行われた。本人の同意が取れなければ、元も子もなくなってしまう。そのため、さっそく岡崎が説得に乗り出すことになった。

そんな事情をつゆ知らない増原は、香川県知事を長く務めるつもりでいた。ちょうどそのときも、吉野川総合開発について陳情するため、東京にやってきたところだった。そこで岡崎に捕まった。

「今度、警察予備隊というのができるんで、長官になってくれ」

まさかの依頼に、増原はすぐ「無理です」と断った。知事の仕事は魅力的で、まだまだやめるつもりはなかった。もっとも、そんな意見は一蹴された。

「君がいくらダメといっても、オヤジ（吉田首相）はもう決めてしまってるんだからあきらめろ」

結局、増原はなかば無理やり承諾させられてしまった（『昭和戦後史「再軍備」の軌跡』）。ただし、民選知事は議会の承認がなければ辞任できない。増原は急いで香川に戻り、県議会にはかった。どうなることかと思ったが、七月二五日、議会はあっさり辞任を認めた。県西部の善通寺は、かつて増原も所属した第一一師団が置かれ、軍都として栄えていた。地元では、増原が警察予備隊のトップになれば、その基地が誘致されるとの期待もあったという。いずれにせよ、これでトップ人事は固まった。

東京では、すでに江口らが発令を待たずに、国家地方警察（国警）本部の幹部たちとともに警察予備隊の設立準備を行っていた。増原も二七日に上京し、これに加わった。

国警といっても、今ではピンとこないだろう。一九四七年、旧警察法が公布され、市および人口五〇〇〇人以上の町村には独自の自治体警察がおかれた。国警はそれ以外の地域を受け持つ組織で、立派な名前ながら、ただ田舎の治安を担当するだけの存在だった。ようするに中央集権的な警察は、GHQから民主化の妨げになるとみなされたのだ。

もっとも、旧内務官僚は強力な警察復活を夢見て、有為な人材を国警にプールしていた。そのため、警察予備隊の設立準備という困難な仕事も受け持つことができたのである（じっさい、一九五四年に警察法が改正され、現在の中央集権的な警察機構に改められることになる）。

こうして一九五〇年八月一〇日、警察予備隊令が公布・施行された。同令は、国会で通過した法律ではなく、占領軍による超法規的な命令、いわゆるポツダム政令だった。これを受けて一四日、増原が本部長官に任命され、神奈川県の葉山御用邸で認証式が行われた。

増原は、すでに警察幹部や香川県知事として何度も昭和天皇に見えたことがあった。だから、今回も型どおりに「重任ご苦労」くらいと思っていた。ところが、ここで異例の言葉を受けた。

「内外の情勢に鑑み警察予備隊の使命は重大であるからどうか自重して其の運用を誤らない様にすると共に、速かに整備して一日も早く全機能の発揮出来る様になることを希望する」（宮内庁『昭和天皇実録』第十一）

昭和天皇は、新憲法下でも、軍事や外交についてしばしば踏み込んだ発言を行った。これもその一種だった。ただ、増原はそんなことよりも、異例の言葉にただ感動した。その後、天皇と昼食をともにしたのも、忘れられない思い出となった。

そのいっぽうで、大慌てで行われた警察予備隊の設立は、じつに泥縄だった。八月一三日に隊員の募集がはじまったものの、幹部人事は遅れに遅れた。

そのため、増原はみずから人材集めに奔走しなければならなかった。認証式の直後、まず声をかけたのは、国警の東京警察管区本部長・石井栄三だった。国警幹部は警察の復活に懸けており、ぽっと出の警察予備隊に官僚人生を捧げるつもりはなかった。それでも増原は、「軍隊の経験がないから……」と固辞する石井を口説き落とし、警務局長就任を承諾させた。

つづいて国警本部総務部長の加藤陽三に狙いが定められた。これまでも加藤は警察予備隊の設立準備を手伝っていたが、みずから入隊するつもりはなかった。だから増原からの誘いにもすげなかった。そのときの会話を、増原は『自衛隊十年史』(防衛庁「自衛隊十年史」編集委員会編)で振り返っている。

「加藤君、頼むからきてくれよ」

「断然行きません」

そんな加藤も、斎藤昇国警本部長官に説得されて、同月二五日、人事局長就任を受け入れた。また経理局長には、大蔵省出身の大阪国税局長・窪谷直光が内定した。以上の局長人事が正式に発令されたのは、ようやく三〇日のことだった。

このような幹部たちは、その下の課長級を含めて、数年で古巣に復帰した。石井の誘いで、警備課長兼調査課長に就任した後藤田正晴（内務省出身、のち警察庁長官、官房長官）もそのひとりだった。ただ、加藤のようにほぼそのまま保安庁、防衛庁と居残り、ついに事務次官にのぼりつめた例もあった。いずれにせよ、警察予備隊の幹部は国警色でほぼ染め上げられたのだった。

ユニフォームのトップを誰にするか問題

こうしてなんとか形になった警察予備隊の中枢機能は、九月七日、国警本部から東京越中島の元東京高等商船学校の建物に移った。そこにはすでに、アメリカの軍事顧問団（秘匿名、民事局別館ＣＡＳＡ）も入居していた。

増原は軍事の素人だったが、顧問団長シェパード少将、幕僚長コワルスキー大佐に教えを請いながら、持ち前の勤勉さで急速に知識を吸収していった。シェパードはその姿勢を高く評価した。

「最初の間、彼には軍事知識が全くないので閉口した。シビリアン（文民）出身だから無理もないがね。それに彼は英会話が〝弱かった〟な。しかし私は増原氏を尊敬した。彼の仕事への情熱と献身に敬服した。頭の回転も早いし、一緒に働くのにすばらしい人だった。もし日本側が別の人を選んでいたなら、私は（仕事を）できなかったよ」（『昭和戦後史「再軍備」の軌跡』）

コワルスキーも、「難産気味の英語」に困惑しながらも、好意的に増原を評価している。「［増原］長官は自分の分限をわきまえて、何事も質問することをいとわなかった。したがって二人の会談は、自然に［シェパード］少将が辛抱強くて、ていねいな先生となり、長官が熱心に先生の言葉を吸収しようとする真面目な生徒となって、セミナーの形態を帯びるようになった」（コワルスキー『日本再軍備』）

そんな増原も、はじめシビリアン・コントロールの意味がまったくわからなかった。シビリアン（一般市民＝文民）とユニフォーム（制服組＝軍人）を分ける。日本にはそのような発想がなかったからだった。旧陸海軍では、上から下まで、すべて軍人で占められていた。

そこで持ち上がったのが、ユニフォームのトップを誰にするのかの問題だった。これをめぐっては、GHQ内でも少し前より対立があった。

参謀第二部（G2）を率いるウィロビー少将は、旧陸軍で作戦課長の要職を務めた服部卓四郎元大佐を推した。武装組織の指揮を執るならば、軍人経験者しかない。GHQ切っての反共主義者で、「小ヒトラー」との異名を取ったウィロビーは、きたる日本の再軍備に備えて、旧軍のエリートを囲っていたのだ。服部たちもこの動きに大いに期待した。

これに敢然と異を唱えたのが、民政局（GS）を率いるホイットニー准将だった。弁護士出身のかれは、日本国憲法原案の起草や公職追放など日本の民主化を推し進めた、いわばリベラリストだった。元次長のケーディスはじめ、部下にニューディーラーも多かった。当然ながら、ウィロビーとの仲は険悪で、せっかく憲法九条を作ったのに、旧軍のエリートを復活させては意味がないと主張したのだった。

増原はそのようなGHQの内部事情とは別に、ホイットニーの意見に賛成だった。旧内務官僚はさんざん旧陸軍に苦水を飲まされていた。せっかくかれらを排除して警察予備隊を作ったのに、服部のような経験豊富な人間が入ってきては台無しになりかねない。戦前・戦中のような陸軍にたいする屈辱はもうたくさんだった。戦時中に和平工作で憲兵に拘束されたこともある吉田首相も同意見だった。

最終的にマッカーサーの裁定で服部の採用は見送られ、ユニフォームのトップ（部隊中央本部長、のちの総隊総監）には、一〇月九日、内務省出身の宮内庁次長・林敬三が任命された。こうして警察予備隊の編制が完了したのは、年も暮れの一二月二九日のことだった。

シビリアン・コントロールの変質

ようやく呱々の声をあげた警察予備隊だったが、まもなく壁にぶつかった。一九五二年四月、吉田内閣のもとでサンフランシスコ講和条約が発効し、日本は沖縄など一部を除いて再独立を果たした。自国防衛の責任はますます重くなった。そのため、同年八月に保安庁が設置され、警察予備隊と海上警備隊がその下におかれた（海上警備隊は即日、警備隊と改組され、警察予備隊も一〇月に保安隊に改組され、それぞれ軍事的な性格が強化された。海上警備隊については第四章で触れる）。

警察予備隊の組織はますます充実した。ただ、徐々に軍隊に近づくと、やはり即戦力の元将校が求められた。旧将校の採用はなし崩し的に進められ、一九五一年八月には早くも旧中佐級にまで対象が広がった。

「どうしても大佐を入れろ」

旧軍に忌避感のあった吉田茂首相までそんな下知を飛ばしたのは一九五二年春、保安庁設置を目前に控えたときだった。吉田の腹心だった辰巳栄一元陸軍中将の進言もあったという。辰巳は、吉田が戦前に駐英大使を務めていたときの駐在武官であり、吉田に例外的に信頼されていた。

増原はその事情を聞きつけるや、さっそく辰巳に電話をかけた。

「じつは首相からの話で旧軍の大佐クラスを採用しなければいけないのですが、いったい何人ぐらいを予定しているのですか」

辰巳はこれに即座に「約三〇人」と答えた。すると増原は、

「冗談じゃありません。そんなにたくさん採用できません」

と反論した。長官を差し置いて部外者が幹部の人事を左右するなどなにごとか。ふだん感情をあらわにしない増原も、腹に据えかねた。結局、保安庁の発足とともに、一一人の旧大佐（旧陸軍から一〇人、旧海軍から一人）を受け入れることで決着を見た（『昭和戦後史「再軍備」の軌跡』）。

増原がここまで抵抗したのは、旧陸軍にたいする根強い不信感だけではなかった。大佐は、中央省庁の課長級にあたり、ひとによっては霞が関の実務に精通していた。そんな旧軍人を大量に入れてしまえば、せっかくの保安庁が乗っ取られてしまうのではないか。旧内務官僚には、そんな懸念があった。

そこで増原たちは一計を案じた。シビリアン・コントロールを大義名分に、「制服組にたいする背広組の優位」を制度的に確立しようとしたのだ。身も蓋もない言い方をすれば、「旧内務官僚のほうが、旧陸海軍の将校よりもエライ」という仕組みを作ろうとしたので

ある。

そのやり方は巧妙だった。まず、制服組が内部部局（内局。官房と各局で構成）の課長以上に任用されないように定め（保安庁法第一六条）、背広組だけで内局の要職を固めた。つぎに、制服組は背広組を経由しないと保安庁長官に方針案などを提出できないようにし、国会などとの連絡交渉も禁じた（保安庁訓令第九号）。

一九五四年七月、防衛庁・自衛隊が発足すると、その縛りは一段と強化された。防衛庁長官を補佐する最高スタッフ（防衛参事官）を背広組のみで固める制度も導入された（防衛庁設置法第九条）。このとき前出の任用制限は廃止されたものの、今日にいたるまで、内局の課長以上に制服組がつかない慣例が続いている。

保安庁の官房長と人事局長を兼任した加藤陽三は、このような仕組みを「シビリアン・コントロールの制度の具現」「シビル・コントロールについての防衛庁における中核的機構」と呼んではばからなかった（加藤陽三『私録・自衛隊史』）。太平洋戦争の凄惨な記憶も生々しい当時、制服組にたいする縛りには一定の支持もあった。

とはいえ、シビリアン・コントロールとは本来、職業軍人ではない文民（シビリアン）が軍隊にたいする最高の指揮権をもつことであって、「自衛官は内局官僚の風下に立て」という意味ではない。それなのに、自衛官にたいして横柄に振る舞う官僚も出てきてしまった。

「シビリアン・コントロールは、背広を着ているのがコントロールするというようなこと。(笑)具体的にどうするんだというと、何のことはない、机に足を上げて、偉いジェネラルとかそういうのが来るときに、鼻であしらうのがシビリアンだとか、本当にばかみたいな話ですが、当時はそういうことがあって、多少そういうものを引き継いだところもあるわけです」(元防衛事務次官、丸山昂の証言。「丸山昂氏インタビュー」)

「いつも二十名ほどの自衛官が、自分の息子や年齢の離れた弟ほどの部員に会議室で向き合っていた。内部部局の部員の中には机の上に足を投げ出して、『お前ら戦争に負けたんだ。責任を取れ』『日本の軍人は精神力で戦うのだから、(予算要求している)武器など要らないだろう』と暴言を吐いた者もいたと聞いた」(守屋武昌『日本防衛秘録』)

そのため、日本独自のシビリアン・コントロールは時代とともに問題視され、今日では「文民統制」ならぬ「文官統制」と呼ばれ、見直しが進められている。現に、保安庁訓令第九号は一九九七年に、防衛参事官制度は二〇〇九年に、それぞれ廃止された。

その仕組みは報道こそされてきたものの、一般には飲み込みづらいかもしれない。だが、戦前の陸軍対警察の名残であり、旧内務官僚のいわばリベンジマッチであったと考えれば、わかりやすいのではないだろうか。そしてその中心にいたのが、ほかならぬ増原だった。

「あれは軍隊ではなく、内務軍閥というものだ」
「あいつ［増原］をたたき出さない限り、われわれのウダツは上らない」
旧軍人たちがそう吐き捨てたのもむべなるかな。かれらは、「防衛庁の天皇」「増原王国」などという比喩を使って、当面その不遇を呪うしかなかったのである（堂場肇ら編『防衛庁』）。

参議院議員になり「防衛の増原」に

やや先走ったが、防衛庁・自衛隊は、MSA協定の締結を受けて発足した。MSA協定は日米相互防衛援助協定の通称で、日本はアメリカから軍事支援を受ける見返りに、いっそうの防衛力強化を求められた。これにともなって、保安隊は陸上自衛隊に、警備隊は海上自衛隊にそれぞれ改編され、あらたに航空自衛隊が設置された。こうして現在につづく自衛隊の体制が整った。

また防衛庁（現・防衛省も）と自衛隊はまったく同一の組織であり、その行政機関の側面を防衛庁と呼び、その実力部隊の側面を自衛隊と呼ぶ。したがって、実力部隊に属する自衛官のみならず、事務次官や局長・課長などの事務官も、法制上すべて自衛隊員である。しばしば誤解されるが、背広組の勤務先が防衛庁で、制服組の勤務先が自衛隊というわけではない。これも案外知られていないので、念のため断っておく。

それはさておき、増原は警察予備隊本部長官、保安庁次長、防衛庁次長を歴任すること、およそ七年に及んだ。そんな実力者にも、「退位」のときが訪れた。一九五七年六月、参議院香川県選挙区の補欠選挙で自民党の候補者に推されて、防衛庁次長を勇退したのである。五四歳のときだった。

増原は、元県知事としての知名度もあって、みごと当選を果たした。その後も、一九五九年六月の第五回参議院選挙で地元の愛媛県選挙区に鞍替えしながら、一九七七年七月まで、四期二〇年にわたって参議院議員を務めた。

その愛媛県で立候補したときのこと、あの吉田茂の応援演説を受けて周囲を驚かせている。選挙嫌いで知られる吉田の登場は、たいへん珍しかった。

「パパに応援演説させたのはあなたがはじめてよ。増原さんてえらいのね」

増原は、麻生和子（吉田の三女で麻生太郎の母）からそう冷やかされたほどだった（『昭和戦後史「再軍備」の軌跡』）。

政治家となった増原は、必然的に国防族の重鎮となった。ただでさえ、利権に結びつかない国防族は人気がなかった。一九八五年になっても、元陸軍将校の参議院議員・堀江正夫が、「わたしが当選したころの昭和五十一、二［一九七六、七七］年は、国防部会を開いても出席者が部会長を入れても、いつもたったの四、五人という寂しいもんでした」(「自民党『部会』の研究① 国防部会」)と回想するほどだった。

そんななかで、防衛庁の裏も表も知り尽くし、同庁のことなら「くもの巣まで知っている」といわれた増原の存在は際立っていた。一九五〇年代と一九六〇年代の二度にわたって同党の国防部会長も務め、防衛庁の省昇格を求めるなど積極的に活動した。それゆえ、党内で「防衛の増原」と呼ばれるまでに時間はかからなかった。

防衛庁長官を二度も引責辞任

そんな増原が防衛庁長官に就任するのは、自然ななりゆきだった。一九七一年七月五日、第三次佐藤栄作内閣のときであった。初入閣者が多く、入れ替わりも激しいなど、軽んじられてきた防衛庁長官にあって、珍しく重量級の布陣だった。

それもそのはず、このころ防衛庁は、第四次防衛力整備計画(四次防、詳しくは第五章)の策定で揺れていた。一九七二年度よりはじまるこの計画をめぐって、前任の中曽根康弘は自前の「自主防衛論」にもとづいて大胆な原案を発表したものの、内外の批判を浴びて、白紙撤回に追い込まれていた。なかなか決まらない同計画をまとめるため、増原には専門家らしい、堅実でそつのない仕事ぶりが求められていた。

ところが、増原は就任して一カ月も経たない八月二日、辞任に追い込まれてしまう。その原因は、雫石事件だった。すこしさかのぼる七月三〇日、岩手県の雫石町上空で訓練中の自衛隊機と全日空の旅客機が衝突し、両機とも墜落。自衛隊機のパイロットは脱出して無事だったものの、旅客機の乗員・乗客一六二人全員が死亡した。当時、史上最大の犠牲者数を出した飛行機事故であり、自衛隊は激しい批判にさらされた。

防衛庁長官は、こういう不祥事のときに詰め腹を切らされるのが常だった。四次防をまえに張り切っていただけに、増原は不本意だったが、どうしようもなかった。

とはいえ、防衛問題は待ったなしだった。肝心の四次防も、国会で激しく追及され、一九七二年度予算の編成に間に合わない状態だった。そのため、一九七二年七月、第一次田中角栄内閣の発足とともに、ふたたび増原に防衛庁長官のポストが回ってきた。

増原は発奮して、四次防の策定に奔走。その結果、同年一〇月、ようやくその主要項目が国防会議（現・国家安全保障会議。国防にかんする重要事項を審議する首相の諮問機関）と閣議で正式に決定されるにいたった。増原も日本記者クラブの演説で思わず本音を漏らした。

「私も重荷をおろしたような気持ちであります」

ところが、それで気が緩んだのか、増原は思わぬ問題を起こしてしまう。世にいう増原内奏事件がそれだった。

一九七三年五月二六日のこと。増原は皇居を訪れ、昭和天皇に政務の報告、いわゆる内奏を行った。話題は、自衛隊の歴史、近隣の軍事力、四次防、そして基地問題などに及んだ。

「新聞にいろいろ書かれているようなことを防止し、同時に隊員の士気を高めるのはなかなか難しいことだろうが、どんなことをしているのか」

昭和天皇は、自衛隊の不祥事を念頭にそう質問した。これに増原は、

「ただしっかりやれと言うだけではうまくいきません。隊員の待遇改善についても、学識経験者の知恵を借りて努力しています。また、四次防策定でも、自衛隊員に名誉ある地位を与えることを考慮していますが、なかなか難しい問題です」

と答えた。

さきに触れたように、昭和天皇は軍事や外交に強い関心があり、しばしば踏み込んだ発言を行った。このときも例外ではなかった。

「説明を聞くと、自衛隊の勢力は近隣諸国に比べて、そんなに大きいとは思えない。国会でなぜ問題になっているのか。新聞などでは随分大きいものをつくっているように書かれているが、この点はどうなのか」

当時、国会では、自衛隊員の増員を盛り込んだ防衛二法（防衛庁設置法、自衛隊法）の改正案が審議されていた。野党の厳しい追及に悩まされていた増原は、この質問にわが意を得たりとの気持ちだった。

「おおせの通りです。わが国の防衛は、憲法の建前を踏まえ、日米安保体制のもと、専守防衛で進めており、野党から批判されるようなものではありません」

「防衛の問題は大変難しいが、国の守りは大事なので、旧軍の悪いことは見習わないで、いいところを取り入れてしっかりやってほしい」

このようなやり取りも、その場だけのことであれば問題にならなかっただろう。ところが、記者団との雑談で「何か面白いネタは」と求められ、増原はこのやり取りを思わずしゃべってしまった。それが案の定メディアで報道され、「天皇の政治利用だ」として問題になったのである。

今回ばかりは、増原の軽挙以外のなにものでもなかった。そのため、同月二九日、増原は二度目の引責辞任に追い込まれた。これまで着実に仕事をこなしてきた増原らしからぬ、なんとも呆気ない幕引きであった。

ちなみに昭和天皇はこの顛末を聞いて、増原を責めるのではなく、むしろ世の風潮を嘆いてこう漏らしたとされる。

「もう張りぼてにでもならなければ」（以上、岩見隆夫『陛下の御質問』）

その後、増原に三度目のチャンスは訪れなかった。一九七七年七月、増原は七四歳で参議院議員を引退。そして一九八五年一〇月一一日、自衛隊中央病院にて急性心不全で亡くなった。八二歳だった。

増原は、世渡りのうまい能吏だった。警察畑を歩みながらも、戦後は公職追放をまぬかれ、香川県知事に転じた。そして同地で吉田茂との親交を深め、それがやがて警察予備隊本部長官就任の呼び水となった。その後、「内務軍閥」のトップとして、保安庁、防衛庁で事務方トップを務め、現在につづく「文官統制」の基礎を築いた。

政治家に転身したあとも、しばしば官僚出身らしく地味といわれながらも、堅実な仕事ぶりを買われ、防衛庁・自衛隊内の評価も上々だった。紆余曲折のあった四次防の策定を実現した功績もあった。ところが、最後の最後で内奏事件を起こしてしまい、画竜点睛を欠いたうらみが残った。

増原関係の記念碑というと、愛媛県八幡浜市北東の山林にひっそりと立つ「自衛隊感謝之碑」を思い出す。増原の揮毫になり、自衛隊が道を開いてくれたお礼に作られたという。大切な文化財だが、人里から遠く、いかにも地味だ。とはいえ、これこそどんな立派な銅像より増原に似つかわしかったのではないか。毀誉褒貶をまとって生まれた草創期の自衛

愛媛県八幡浜市の「自衛隊感謝之碑」（2021年４月、著者撮影）

隊は、陰徳に甘んじなければならなかった。その父もまた、輝かしい将帥であってはいけなかったのである。

第二章　自衛隊精神の核心は何ぞや——初代統幕議長・林敬三の慧眼

　非常時にこそ、人の本性は露わになる。太平洋戦争の末期、内務省で人事課長を務めた林敬三もそう思い知ったひとりだろう。

「平時において能吏といわれた人が、なんていうか非常の時に役に立たない、こまった人になったり、あらゆる手段で私的に有利、安全な方へ行きたがったり、いろいろありましたね」

　たしかに林は、「立派な人も多かった」と同僚をいったん擁護はするけれども、よほど苦労があったようで、すぐに言葉をつないだ。「ただ、その少し前頃までは宮崎県などは食糧があって、非常に志願者が多かったんですねえ。（笑）ところがその頃［戦争末期］になると、みんな、なんというかなあ、宮崎の県庁にずっといる人は仕方ないですよ、だけどよそからその県へ行ってる人の中には［米軍の上陸を避けて］非常にもっと本州の山の中の方の県へ移りたがってね」（『林敬三氏談話速記録Ⅰ』）

　それから間もなく、日本はポツダム宣言を受諾、戦争は終わりを迎えた。内務省の職員はこれを受けて、一九四五年八月一七日、今井久防空総本部次長（のち防衛事務次官）を

林　敬三

筆頭に、戦闘服に巻きゲートル姿で宮城前広場を訪れ、ひざまずいて拝礼した。林の姿もそのなかにあった。

人事の裏表を知り尽くした彼も、さすがにこのとき予測できなかったであろう。約五年後、みずからが警察予備隊総隊総監になり、その後、保安庁の第一幕僚長を経て、自衛隊制服組のトップである統合幕僚会議議長になろうなどとは――。

内務省の「沈没」に「つらい」

林敬三は、一九〇七年一月八日、東京市に生まれた。父の林弥三吉は陸軍大学校を卒業したエリート将校で、のち陸軍省軍事課長、第三旅団長などを務め、中将にまで昇進。最終的に流産するものの、組閣参謀として宇垣一成内閣の成立にも尽力した。そんな家庭環境のため、長男の林敬三もはじめ軍人をめざしたが、生来の虚弱体質が災いして、文官の道に進むことになった。

林は、一高、東京帝大法学部とお決まりのコースを進み（福田赳夫、前尾繁三郎らが同期だった）、一九二九年四月、晴れて内務省に入省した。内務官僚としては、増原恵吉の一年後輩にあたる。

内務省は警察（警保局）と地方行政（地方局）をもって二枚看板とする。林は典型的な地方局畑だった。すなわち、富山県を皮切りに、京都府、岡山県、神奈川県で経験を積み、一九三六年五月、三〇歳手前でようやく本省に配属されると、社会局、地方局で勤務した。このとき、日中戦争の勃発を迎えたが、病気で一時休職していたこともあり、召集されることはなかった。

取り立てて特徴のない官僚人生というほかないが、だからこそ林は、終戦後、公職追放にも遭わず、内務省の解体に立ち会うことになった。最後の地方局長としてだけではない。残務処理組織である内事局の長官にもなり、一九四八年三月の廃庁まで見届けたのである。林は内務省を「大きな船」、みずからを「航海長」もしくは「艦長代理」にたとえて、このときのことを独特の表現で振り返っている。

「そのときは敗戦国で、艦でいえばもう制空権も制海権も相手方の手中に収められて沈められるほかはないといった状況下での沈没だったとは思いますが、いつになってもその当時を思い出すことはつらいです」（『林敬三氏談話速記録Ⅱ』）

とはいえ、新しい組織の「船出」に立ち会うときは、まもなくやってきた。

宮内庁から警察予備隊へ

その前兆は、何気ないものだった。

「あなたは宮内庁に来てどのくらい経つか」

一九五〇年七月ごろ、吉田茂首相が皇居の控えの間でお茶を飲みながら、林にさり気なく訊ねた。林は、一九四八年八月より、請われて宮内府次長（翌年六月よりは宮内庁次長）を務めていた。宮廷改革に奔走する民間出身の田島道治（みちじ）長官を、行政経験者としてサポートする役回りだった。

「二年ほどです」

「近く君にまた、ここを出ることが許されれば、ひとつ一般行政のほうか治安のほうかに来てもらいたいということをいう者があって、そんなことも考えているのだが、そうなったら宮内庁のほうは離れられるか」

田島長官は、宮内庁に務めた以上、最低二年は勤めるべきだとの考えをかねがね口にしていた。そのため、自分はもう大丈夫だろうと林は考えた。

「宮内庁側としても、ときと場合によっては許されるかもしれません」

吉田の質問はこれだけだったが、一九五〇年七月といえば、前月に勃発した朝鮮戦争を受けて、マッカーサー書簡が出された時期にあたる。「治安」という言葉でこのワンマン宰相の念頭にあったのは、おそらく警察予備隊の人事だった。

はたして八月末、林に呼び出しがかかった。岡崎勝男官房長官からだった。「こんど警察予備隊ができるから、その制服部隊の総指揮官になってほしい」というのである。「これは吉田総理の意見にもとづき、治安担当大臣たる大橋武夫法務総裁も、当の増原予備隊本部長官も、みな意見が一致しているから」

林は、しかし、ただちに断った。自分は同じ内務省出身でも、増原と違って警察畑ではないし、虚弱体質ゆえに軍隊経験もない。それで、どうして七万五〇〇〇人もの部隊を率いることができよう。それに、道半ばの宮内庁改革も気にかかった。

とはいえ、組織編制を急ぐ岡崎は諦めなかった。増原も直接説得にあたった。林の辞退はついに三回に及んだ。それでもなお、岡崎は、「旧軍人を採用できない以上、君しか適任者はいない」「畑俊六や松井石根だって、胸部疾患を抱えながら、大将の勤務に当たった」「宮内庁筋にはこちらで話を通す」などと粘った。

「君はお父さんが軍人だ。本人は軍人のことはやっていないかもしれないけれども、父親を通じて軍人のいい面も悪い面も一応は知っていると思う。それから、いざとなったら早速逃げだすような人ではないと思う」

林は「なにを」と思った。まるで「お前は敵を前にして逃げ出したいのか、自分はそう見ていないが」とうまく言われたように感じたからだった。

結局、林は思い悩んだ末、「豁然（かつぜん）」と承諾することにした。九月に入ってのことだった（前掲書）。岡崎たちは、ほっと胸を撫で下ろした。というのも、その少し前、制服組のトップ人事をめぐって、服部卓四郎元陸軍大佐を推す参謀第二部長ウィロビーと、これに反対する民政局長ホイットニーとのあいだで、激しく意見が対立していたからだった。もし林が承諾しなければ、問題が再燃したかもしれなかった。

そんな事情をよそに、林は、「これまでの自分の生涯に、一たんの終止符を打つ」ほどの覚悟を固めていた。その胸中にあったのは、一九四八年に亡くなった父の思いだった。旧軍は、政治に介入して失敗した。だから、ああいう武装部隊を二度と作ってはならない、と。

こうして一〇月、林は、仮称の部隊中央本部長に任命され、ついで一二月に部隊の編制が完了すると、正式に総隊総監に任命された。働き盛りの四三歳のときだった。

神代時代の警察予備隊は混乱つづき

ところで、このころの警察予備隊の様子はじつにひどいものだった。坂本力の「自衛隊ゼロ歳滑稽譚」(『戦後日本防衛問題資料集』第一巻収載)はその貴重な記録である。

坂本は東京帝大文学部出身。NHK放送記者の身分を捨てて、一九五〇年八月、警察予備隊に志願したという変わりものだった。最初、取材目的と疑われたが、最終的に陸将まで出世し、第九師団長、陸上自衛隊幹部学校長などを歴任。タイの防衛駐在官のときには、親善訪問に訪れた明仁皇太子(現・上皇)から、「あの色の黒い日本語のうまい人はダレ」と言われたというエピソードまでもっている(篠原宏「官界人脈地理 =防衛庁の巻=」)。

さてこの坂本、入隊して訓練を受け、同年一〇月に仙台榴ケ岡(つつじがおか)の米軍キャンプに赴任するや、二等警査からひとっ飛びに一等警察士に任命された。これは、旧陸軍でいえば、二等兵がいきなり大尉に任命されたようなものだった。そのうえ、中将級の中間司令部ナンバーA司令官になれとのおまけまでついてきた。これには坂本もびっくりした。

ここで警察予備隊の階級も確認しておこう。警察予備隊の階級も三つに分けられ、警察監、警察監補、一等警察正、二等警察正、警察士長、一等警察士、二等警察士が将校相当、一等警察士補、二等警察士補、三等警察士補が下士官相当、警査長、一等警査、二等警査が兵相当だった。坂本がなんと七階級も特進したことがわかる。

もっとも、その変則的な人事はすぐに是正された。「十月下旬には本ものの一等警察正(大佐)が着任され、軍団司令官は師団長に格下げとなる。四日おいて警察士長(少佐)が二名着任、今度は連隊長に再格下げ、部隊移動の命をうけ、十二月初旬約千名を率いて宇都宮の部隊に移駐したのはよいが、建物が元の工場あとで、格納庫のような大とびらを、夜中便所通いのため四十センチぐらいあけてあったのが仇となり、一夜にして、部隊の七〇%が風邪引き患者となった。

毎日営内の草むしり、道つくりに励んでいたところ、またしても本物の連隊長、副連隊長が新着任で、軍団司令官はついに連隊の情報幕僚と相なったのである。あっという間の転落だった」(「自衛隊ゼロ歳滑稽譚」)。

警察予備隊ははじめ高級軍人だったものを採用しなかったので、上級指揮官が著しく不足していた。そのため、このような立場の乱高下が起きたのだった。

また、警察予備隊では旧軍の戦闘教範を採用せず、米陸軍のそれを採用したので、翻訳をめぐって喜劇が起こった。翻訳者に軍事知識がなかったため、「斜めに右向け前へ進め」を「縦隊半ば右に傾いて進め」と珍訳。まるで「モダンダンスの振付け」のようになってしまった。

「最も傑作は、『頭右(かしらみぎ)』が『Eyes Right(アイズ ライト)』の直訳で『眼右(まなこ)』となっている。

毎週土曜日の十一時から行なう、レトリートパレード(週末の分列式)で、中隊長が、『まなこー右ッ』

と号令をかけると、隊員は全員目玉を右によせて、流し目で通って行ってしまう」(前掲書)

坂本の証言ではないが、米陸軍の命令を通訳が民主的に訳して、「前へ進め」が「皆さん、前へ進みましょう」となってしまった例もあるという(『昭和戦後史「再軍備」の軌跡』)。

それ以外にも、人員報告に使う封筒も便箋もなく、切手まで自前で買って整えなければならなかったなど、苦労話は尽きなかった。このような警察予備隊の草創期は、その混沌ぶりから神代時代とも呼ばれる。ただし、銀行員の初任給が三〇〇〇円だった時代に、月給五〇〇〇円(最終的に四五〇〇円とされた)、退職金六万円という破格の待遇で募集されたこともあり、七万五〇〇〇名の定員はあっという間に埋まった。なかには村長を辞めて馳せ参じたものまであった。

「予備隊精神」の確立を訴える

このように警察予備隊の装備の調達や訓練などは、米陸軍が担当していた。では、部隊トップの林はなにに取り組んだのか。それは、「予備隊精神」の確立だった。

「第一に新しい日本に新しく生れた警察予備隊は、その根本的理念を何に求めるか。私はこれを愛国心、愛民族心に求めたい。平易に言えば、われわれの父母、兄弟、姉妹、妻子、この人たちが平和に生活し、成長して行くことを同胞として願う同胞愛の精神に求めたい」（林敬三「総監就任に際しての訓話」『戦後日本防衛問題資料集』第一巻収載）

部隊中央本部長に任命されてまもなく、林は訓話でこう隊員に語りかけている。国内外で波乱万丈の今日、家族や同胞の幸せを願うならば、国内の平和と治安の安定が欠かせない。その上に、政治・経済・文化の発展も、国家の再建もある――。ようするに、家族を守るためには国を守れというわけで、今日でもよく聞く、典型的な国防哲学である。

林はこのあと、予備隊に必要なものとして、（2）国民の予備隊であろうとすること、（3）清廉の心を養うこと、（4）常に謙虚な気持ちであること、（5）公器であると自覚すること、（6）常識の涵養（かんよう）に努めること、（7）科学技術を尊重すること、（8）チームワークを大切にすることを挙げた。

ここで林が愛国心、愛民族心をまっさきに挙げたのは慧眼だった。明治天皇が陸海軍人に与えた「軍人勅諭」の一節、「其隊伍も整ひ節制も正くとも忠節を存せさる軍隊は事に臨みて烏合（うごう）の衆に同かるへし」を持ち出すまでもなく、精神的な支柱を欠く軍隊は、いかにキビキビ動いているように見えても、いざというとき役に立たない。とはいえ、旧軍のように天皇への忠節を核心におくわけにはいかない。愛国心、愛民族心はいわばその代替だった。

　軍隊経験のない林が、なぜこのような問題に思いいたったのか。知り合いの旧軍人からの助言もあったが、ある小説の存在が大きかった。それは、ルーマニア出身の作家、ヴィルジル・ゲオルギウの『二十五時』。第二次世界大戦から戦後にかけてのルーマニア人の苦難を描いた小説で、当時、各国でベストセラーになっていた。

　他国の侵略を前にすると、ひとりひとりの力ではどうにもならない。やはり、軍隊の必要性が出てくる。林自身の言葉を使えば、「やはり民族の中から多数の屈強な、そして志ある青壮年の男子が先ず立ち上って、専門の治安・防衛の組織をつくり、且つ自分たちが率先その身を挺（てい）して自分たち以外の九九九人の、われわれの親たち、兄弟たち、妻たち、そして子供たちを、協同協力して、その受けている危険から、脅威から、守り通すということがなければ民族の安全は成り立ちえない。そうすることによって各個人の安全も守られるのである」（『林敬三氏談話速記録Ⅱ』）。

　そのため、林は愛国心、愛民族心を養うことに心を砕いた。日の丸と君が代の活用もそのひとつだった。

　発足当初の警察予備隊では、米陸軍の指導により、星条旗が掲げられ、それに敬礼させられるようなことも起こっていた。林はこれの改善を申し入れ、一九五一年一月一日より、毎朝朝礼のときに日の丸を掲げ、君が代を流すようにし、傭兵根性の一掃を図った。当たり前のようにも思われるが、当時、これは非常に思い切った措置だといわれた。敗戦国、被占領国の現実は、そこまで峻烈だった。

　これに加えて、林が重んじたのが、(2)の「国民の予備隊であろうとすること」だった。警察予備隊は愛されなければいけない。これからは国内で侵略勢力と戦うことになるのだから、あんなの負けてしまえ、と思われるようではいけない。

「乗物の乗降は老幼婦女子に先を譲れ。雨のときは、濡れた合羽は裏返しにたたんで乗りたまえ。もし山中に潜んでなお戦わなければならなくなったとき、辺地の老婆が一掬（きく）の水を汲んでくれ、近道を教えてくれるようでなければならない。郷里に戻ったとき、道にくぼみを見つければ、ショベルをふるってふさげ。どんなささいなことでも、国民と心が通うことなら、怠ってはならない」（村上薫『防衛庁』）

　これもまた、さきの愛国心、愛民族心に通じる。

　ややさきのことになるが、一九六一年に制定された「自衛官の心がまえ」にも「民族愛、祖国愛」がうたわれているのをここで思い出してもいいだろう。

「自衛官の精神の基盤となるものは健全な国民精神である。わけても自己を高め、人を愛し、民族と祖国をおもう心は、正しい民族愛、祖国愛としてつねに自衛官の精神の基調となるものである」

林は、現在の自衛隊にも通じる、精神的な支柱の確立に心を砕いたのである。

「青年日本の歌」を禁じるバランス感覚

こうして新しい人生をスタートさせたものの、林の立場は複雑だった。内務省の出身者としては、シビリアン・コントロールの名の下、部隊を厳しく統率しなければならなかった。とはいえ、制服組のトップとしては、自主性を重んじて、部隊の意気も上げなければならなかった。林は、一九六四年八月、五七歳で統幕議長を辞職するまで一四年にわたって制服組のトップとして君臨し続けるが、その間、一貫して取り組んだのはこのバランスの問題だった。

林はしばしば、制服組のトップとして内局の幹部に意見を申し入れた。第五章でみるように、陸（保安隊）と海（警備隊）で敬礼をどう統一するかという問題など一見些末なものもあった。ただそれは、「部隊を軽んじるなかれ」という主張だったと解釈すると腑に落ちる。制服組が背広組の家来のようになり、内局の鼻息をうかがいながら立ち回るようなありさまでは、「無気力なサラリーマン部隊」になってしまう。それでは、精強な自衛隊は望めなかった。

とはいえ、自主性をあまりに重んじると、それはそれでリスクがあった。自分たちは、わずかな給与で、身命を投げ出す覚悟をしている。にもかかわらず、政治家たちは私利私欲に走っているではないか。そう考えはじめると、旧軍のような下剋上の気風が醸成されかねなかった。

その点について、林が「青年日本の歌」を部隊で禁じていたことは興味深い。これは、五・一五事件を引き起こした海軍の青年将校・三上卓が作った歌で、「権門上に傲れども、国を憂ふる誠なく、財閥富を誇れども、社稷［国家］を念ふ心なし」「やめよ離騒の一悲曲、悲歌慷慨の日は去りぬ、吾等が剣今こそは、廓清［粛清］の血に踊るかな」と、腐敗した世の中を「剣」で正そうと訴え、右翼の間で人気を博していた。「ときにああいう歌を歌いたくなるようなことも、それは隊員の中にはあったろうと思います」と部隊に同情するからこそ、林はこの歌のもつ危険性をよく把握していたのだった。

ナショナリズムをことごとく否定しようというのではない。日の丸や君が代は使うし、愛国心や愛民族心は訴える。だが、「青年日本の歌」のような思想は許容しない。そこに、林なりの絶妙なバランス感覚があった。

林の悩みはほかにもあった。自衛隊は治安部隊なのか、それとも軍隊なのか。一〇年統幕議長をやっても、それがよくわからなかった。「一般社会や学会その他でこの点の論議が依然として対立し、そこにあいまいさがあるために、その面では私は在任中ずっと頭の中をふたか棚かで押さえられているようなさっぱりしない感じで過しました」（『林敬三氏談話速記録Ⅱ』）。

こういうことに脳漿（のうしょう）を絞ったのは、立場だけではなく、その裏表のない性格も関係していた。防衛庁出入りの記者は、『防衛庁』（朋文社）で一九五六年に統幕議長の林をこう評している。

「林には別に取りたてた才幹はないが、人柄が心の底から清廉である。内務官僚の中には、表面は笑顔をみせ乍（なが）ら腹の中で何を考えているか分らないような複雑な人がよくあるが、林に限つて裏面から人の足をひつ張るような画策は絶対にやらない。顔は子供のような童顔であるが、態度応対にはモノノフのきびしいシツケがみられる」

これに加えて、父親の存在も重要なファクターとして挙げたい。身近に高級軍人がおり、みずからも一時それを目指していたがゆえに、林は、内務官僚出身であったにもかかわらず、部隊に心から寄り添うことができたのではないか。

もし林が軍隊に理解がなく、それどころか、戦時中の応召で不快な思いをして、軍隊に嫌悪感を持っていたならば、内局と一体となって、部隊を徹底的に抑え込み、結果として、自衛隊はもっと無気力なサラリーマン部隊となっていたかもしれない。

軍人の子に生まれながら、軍人になれず、しかし最終的に「軍人」のトップになってしまった林――。退官後は、日本住宅公団（現・独立行政法人都市再生機構）総裁、自治医科大学理事長、日本赤十字社社長、「閣僚の靖国神社参拝問題に関する懇談会」座長などを務め、一九九一年一一月一二日に心不全で亡くなった。だが、その自衛隊精神の探求は、シビリアン・コントロールの徹底と、「軍人」の自主性尊重とのはざまで、いまも自衛隊の気風に見逃せない影響を与えている。

第三章　ジェントルマンたれ──防衛大学校と槇智雄の「マキイズム」

防衛大学校と聞いて、どんなイメージをもつだろうか。

「ここで十分に政治的な立場を意識してこれをいうのだが、ぼくは防衛大学生をぼくらの世代の若い日本人の一つの弱み、一つの恥辱だと思っている。そして、ぼくは、防衛大学の志願者がすっかりなくなる方向へ働きかけたいと考えている」

ノーベル文学賞を受賞した作家の大江健三郎は、一九五八年このように書いた（『毎日新聞』六月二五日付夕刊）。かかる内容が掲載されるほど、かつて防大のメディア・イメージは芳しくなかった。

吉田茂元首相も、防大一期生を自宅に招いて、こう語らざるをえなかった。

「君たちは自衛隊在職中決して国民から感謝されたり、歓迎されたりすることなく自衛隊を終わるかも知れない。非難とか誹謗ばかりの一生かもしれない。ご苦労なことだと思う。しかし、自衛隊が国民から歓迎され、ちやほやされる事態とは外国から攻撃されて国家存亡の危機にある時とか、災害派遣の時とか、国民が困窮しているときだけなのだ。言葉を変えれば君たちが日陰者であるときのほうが、国民や日本は幸せなのだ。一生ご苦労なことだと思うが、国家のために忍び堪えて貫いたい。自衛隊の将来は君たちの双肩にかかっている。しっかり頼むよ」（平間洋一「大磯を訪ねて知った吉田茂の背骨」）

旧軍あるいは外国軍の将校にあたる存在を、自衛隊では幹部自衛官と呼称する。近年では一般の大学卒業者からの採用も増えているけれども、それでもやはりその主要な供給源は防大である。

では、その教育はイデオロギー的に偏ったものなのだろうか。しばしばネットのニュースでも、自衛隊の学校に右派系の言論人が招かれたと問題になっている。だが、よく注意してみてほしい。その自衛隊の学校は多くの場合、上級指揮官を養成する幹部学校などで、防大ではないはずだ。それも当然で、防大の教官は他大学の出身者が多く、一般の大学と大きく変わらない授業が行われているのだから。

そして防大では、なによりジェントルマン教育が重んじられている。それは、初代校長・槇智雄（まきともお）の存在によるところが大きい。槇の防衛哲学は「マキイズム」として名高く、いまでもその著作『防衛の務め』は防大生のバイブルとなっている。

ようするに、大江のごとき懸念はかならずしも正鵠を射ていないのである。では、槇とはどのような人物なのか。吉田茂、小泉信三と並んで防大「創立の父」とも「三恩人」ともいわれる彼の人生をここで振り返ってみたい。

「賊軍」だった槇家の歴史

槇智雄は、一八九一年一二月一二日、仙台市に生まれた。日清戦争が勃発する、およそ三年前のことである。

槇家は、長岡藩（現・新潟県）に代々仕えた武家だったが、三代目・小太郎（智雄の祖父）のとき、戊辰戦争で佐幕派として官軍に相対し、会津、米沢、仙台へ逃避行を強いられるなど辛酸を嘗めた。このような「賊軍」の子孫が新政府の時代に生き抜くためには、勉学に励むしかない。小太郎の長男・武もその例に漏れず、叔父・渡部久馬八のすすめで、創立まもない慶應義塾に学僕として入った。

槇　智雄

学僕は、守衛と用務員を兼ねたような存在であり、仕事の当番でないときは講義を聴講する権利を有したが、正規の学生ではないため、卒業資格は得られなかった。それでも武は少ない手当から書物を買い求め、ついに学内の懸賞論文に二年連続で入選するほどの成績を収めて、福沢諭吉の目に留まり、仙台の奥羽日日新聞主筆の職を斡旋してもらうことになった。

ここで武は、当時としてはめずらしい大恋愛を経て横山千歳（ちとせ）と結婚し、五男三女をもうけた。その長男こそ智雄にほかならない。武はその後、慶應時代の学友で、三井銀行理事・中上川（なかみがわ）彦次郎（福沢諭吉の甥）の腹心の部下となっていた小野友次郎の斡旋で、東京米穀取引所理事として東京に戻り、やがて三井銀行に移籍。銀行人として成功を収めて、神奈川銀行取締役にまでのぼった。絵に描いたような、明治人の立身出世譚（たん）である。

さて、槇家の五人の男子は、すべて父と同じく慶應義塾に、ただし正規の学生として進んだ。次男の有恒は登山家になり、三男の武彦の子からはやがて建築家の槇文彦が出た。四男の弘と五男の文郎はそれぞれ医学部を卒業。銀行家となった槇家に、もはやかつての貧困の影はなかった。

智雄は、父の転勤にあわせて住んでいた神戸の尋常小学校から、一九〇四年、慶應義塾普通部に編入。一九一一年、慶應義塾大学本科に進み、三年後、二三歳で同理財科（現・経済学部）を卒業した。

英国の全寮制に大きな影響を受ける

槇智雄（以下、槇と略す）は、上品で穏やかな英国紳士風の立ち居振る舞いで知られた。

それは、およそ五年間におよぶ英国滞在によって培われたものだった。

槇は、一九一六年、第一次世界大戦下の英国に渡航。翌年、オックスフォード大学のニュー・カレッジに入学し、ヨーロッパ政治思想史の大家アーネスト・バーカーに師事した。同大のカレッジは全寮制で、学生は完備された寄宿舎で起居し、座学のみならず、チューターによる個人指導、スポーツ、共同生活などを通じて、全人的な教育を施された。頭脳、肉体、人格の総合的な陶冶をめざすこの寄宿舎生活は、槇の教育観に大きな影響を及ぼした。

そして槇は、一九二〇年同大を卒業し、歴史学の学士号を取得。翌年、日本に帰国して、慶應義塾大学予科の教員となり、同大学法学部政治学科教授を経て、一九三三年一一月、四一歳で学務担当理事となるや、教壇を離れて大学運営に辣腕をふるった。とりわけ、約一三万坪にも及ぶ広大な日吉校舎（現・横浜市港北区）の整備と、同地への大学予科の移転は、その大きな業績だった。多種多様なスポーツ施設を擁する、今日の慶應日吉キャンパスの基礎は、この槇によって築かれたのである。

一九三七年に完成し、現在も一部使われている日吉寄宿舎は、槇のもっとも力を入れたもののひとつだった。鉄筋コンクリート造の三階建て三棟と別棟からなるそれは、床下温水暖房や水洗便所など、当時最新の設備を誇った。学生向けとして贅沢すぎないかとの指摘に、槇は「学生は将来の日本を背負うゼントルマンだ、学生だから身分不相応とか贅沢だという考え方には賛成できない」と断固として反論した（園乾治「槇智雄先生追憶記」『槇乃実』収載）。

もちろん、槇は建物を建てるだけでなく、みずから範を示すことを忘れなかった。教え子のひとりは、槇と山登りをしたときのことを振り返っている。学生たちがゴミを散らかし放題でつぎのキャンプ地に向かおうとすると、槇はひとり残って黙々とゴミ拾いをはじめ、「イギリスやスイス等のキャンプ地ではゴミ類の散らばっているのを見たことがない。われわれも文明人として他人に迷惑をかけることのないようにしなくてはね」と静かに独り言のように言ったという。「先生の卒先垂範的行動は、百の説教よりも私に強烈に教訓となった」（藤原守胤「槇智雄先生の思い出」『槇乃実』収載）

もっとも、槇が壮年期を捧げた日吉の整備も、戦中・戦後に頓挫をよぎなくされた。同地は、太平洋戦争末期の一九四四年に海軍に貸与され（現在でも海軍が掘った地下壕が残っている）、敗戦後も占領軍に接収され、慶應のもとに戻ってくるのは、一九四九年を待たなければならなかった。

「こういうことをやれといわれるなら実にやり甲斐がある」

さはさりながら、槇はもう一度、学校運営に一から関わることになった。いうまでもなく、防大——正確には、その前身にあたる保安大学校——初代校長の就任によるものである。その背景には、かつて片腕として仕えた、慶應義塾の前塾長・小泉信三の推挙があった。

そもそも一九五二年八月一日、保安庁とともに発足した保安大学校は、異例の組織だった。実力組織の幹部養成学校ながら、陸海で区別されず（戦前は陸軍士官学校と海軍兵学校。諸外国でもほぼ同様）、教育も理工系中心とされた。これは戦前のような、陸海軍の対立や過度の精神主義を繰り返さないための試みだった。旧軍出身者はとくに一本化に激しく抵抗したが、吉田茂首相は一歩も譲らなかった。

もちろん、せっかくの試みも有力な校長を欠けば画餅（がべい）に帰してしまう。その人選は至難だった。旧軍人は論外。民間人でも、民主主義の精神を理解し、それでいて、学校運営の実務に秀でていなければならない。

吉田は、かねて懇意の小泉に目星をつけた。ところが、小泉は皇太子（現・上皇）の教育係を務めることになっていたので、代わりに、かつて日吉校舎の整備に尽力し、当時、慶應義塾大学評議員となっていた槇を推薦した。英国風ジェントルマンの槇は、英国大使を務め、英国びいきだった吉田のお眼鏡にもかなう人物だった。

一九五二年の夏、槇は小泉から手紙を受け取って驚いた。「過日吉田さんにお目にかかると、新たに国防の任に当たる幹部養成の学校を計画している。だれか校長に心当たりはないか。それで君の名を挙げておいた。こうしたことを承知しておいてもらいたい」。そう書かれていたからだった（槇智雄『防衛の務め』）。

槇はすぐに受諾したわけではなかったが、徐々に心を引かれていった。その後、小泉とともに吉田に白金台の外務大臣公邸（現・東京都庭園美術館）で面会したときには、民主主義の時代にふさわしい幹部学校が必要だ、米軍の命令は非常に徹底しているという吉田の話に強い印象を受けた。また、警察予備隊担当の国務大臣・大橋武夫が訪ねてきたときも、ウェストポイントやアナポリス（米国の陸軍士官学校と海軍兵学校）の資料に強い興味をもった。

「それで私は読み出したんですが、えらく興味を惹きまして――非常に教育が洗練されており、こういうことをやれといわれるなら実にやり甲斐があるという感じがいたしました」（槇智雄、堂場肇「この人と一問一答」）

結局、吉田からの強い催促もあり、槇は保安庁で増原恵吉次長、加藤陽三人事局長ら幹部に就任受諾を伝えた。

「官庁のことは何も知らないが、教育だけ一生懸命にやりゃあいいんでしょう」

「そうだ」

こうして八月一九日、槇は六〇歳で校長に就任した。保安大学校は、翌一九五三年四月、横須賀市久里浜の仮校舎で第一期生を迎えて開校。そして一九五四年七月、防衛庁・自衛隊の発足とともに防衛大学校と改称され、一九五五年四月、現在の小原台校舎に移転した。

それは槇にとって、新しくも懐かしい光景だった。日吉校舎でやろうとした夢をもう一度——。ある日、小泉が様子を見にやってきた。そして工事中の新校舎を眺めながら、

「あの頃が思われて、君らしいな」とつぶやいた。槇は、我が意を得たりとの気持ちだったろう。こうして彼は、軍事を忌避する時代の空気のなか、慶應の卒業生から「先生、戦犯にならないんですか」などと心配されながらも、その大学運営の能力を存分に発揮することになるのである。

批判的な元軍人も感服させる

「本校は、エコール・ポリテクニクに範をとり、どういう社会に出しても紳士として通用する良識ある市民養成を目標とするので、その理念で学生を教育してほしい。学問も自由ですし、教育も自由ですから、どうぞご自由にやって下さい。どうか宜しく頼む」

防大の哲学教官を務めた松田明は、その就任時、槇からオックスフォード大学の思い出

話とともに、このように言われたと振り返っている（松田明『防衛大学校』）。エコール・ポリテクニクは、フランスにおける理工系の最高学府。防大（初期の保安大を含む）が理工系の学校だったので、このような例が出たのだろう。

このように槇は、防大でもジェントルマン教育を追求した。それと同時に、民主主義にたいする適切な理解も啓蒙してやまなかった。自由を拡大解釈して、規律が崩壊しても意味がないからだった。

「民主主義と服従の精神、あるいは自由と規律というがごときことは、おそらく諸君には撞着（どうちゃく）矛盾の言葉と響き、不思議の感じを持たるるでありましょう。しかし実際には規律なくして真の自由はなく、遵法（じゅんぽう）精神または正義に服従する意思なくして真の民主制度は成立いたしません」「服従のみ存在して自由や個性尊重が認められないならば、それは奴隷的関係でありまして近代文明の許し得ないところであります。また自由のみ存して服従のない社会があるとしたら、それが夢に描く国でなければおそらくは無秩序混乱の社会でありましょう」（第一期生入校式にて、一九五三年）

そのため槇は、戦前のような服従一辺倒にも与（くみ）しなかった。彼の唱える愛国心は、あくまで自発的なものだったのである。「防衛の任に就くわれわれの愛国心、それは防衛意欲とも言えるが、それは、わが国の平和と独立を守る意欲、熱意、自覚ということになるの

ではあるまいか」（陸上自衛隊幹部学校講演、一九六三年）

もっとも、いかに立派な理念を唱えても、それが実践されなければ意味がない。マキイズムの真骨頂は、その防衛哲学の深さのみならず、校長みずから率先垂範することで、人格的な感化を周囲に及ぼしたところにあった。そしてそれは、防大に批判的な旧軍人さえもついに感服させた。

そのエピソードをひとつ紹介しよう。防大には、校長を軍事面でサポートする副校長級の幹事というポストがある。その四代目、竹下正彦はもともとアンチ槇の急先鋒だった。竹下は陸軍大学校を卒業した元エリート将校にして、皇国史観を唱えた平泉澄（ひらいずみきよし）の門下。そして太平洋戦争終戦時の陸軍大臣・阿南惟幾（あなみこれちか）の義弟で、宮城事件にも関わった。そんな彼からすれば、外様の軟弱な校長は許せない存在だった。

「慶応などという軟弱な学校を出た人間が防衛大学校の校長ではおかしいではないか」

「俺は防大を改革するためにやってきた」

竹下は公然とこのような主張を繰り返し、学生の前でも「槇という男は」と呼び捨てにした。

ところが、竹下は防大にいるうちにだんだんと槇の人柄に感化され、やがてマキイズムの伝道者となるにいたった。一九五八年八月、小隊指導教官として着任した稲森友三郎

（陸軍出身）は、そのときの様子をこう回想している。

「学生は神様のように校長を言う。教官も学生もすべての人が校長に感服していることが肌で感じ取れました。とくに竹下将補――〝マーちゃん〟が校長の伝道者に徹しておられたのが強く印象に残っている。よほど尊敬しておられるんだなと思いました」（中森鎮雄『防衛大学校の真実』）

また稲森自身も、槇について「我々軍人の男から見ても、とても厳しいことをおっしゃる方」「ジェントルマン、社会人としての倫理観を厳しく説いておられた」と、賛美してやまなかった。

やがて竹下は、陸軍の先輩に抗ってまで、槇を擁護するまでになった。それは一九五七年一二月のこと。防大の社交ダンス同好会「アカシヤ会」が、東京ステーションホテルに元皇族の令嬢などを招いてダンスの夕べを開いた。ジェントルマンたるもの、アルコールはだめでもシャンパンぐらい嗜み、ダンスの心得もあるべしが持論の槇も、そこに参加した。ところが、宴もたけなわのときに、元陸軍参謀で、当時衆議院議員を務めていた辻政信が乗り込んできた。

「防大生がダンス会を開くとは何事ぞ、君が恬然としてそれを許し、この会に参加しているとは何事ぞ」

辻は猛然とその場にいた竹下に食って掛かった。ところが、竹下は動じなかった。「防大生がクラブ活動としてダンスパーティをもつことを悪いとは思わない」これに辻は憤然として「いずれ国会の問題としてとり上げ、議場で当否を決着しよう」といって引き揚げていった（竹下正彦「偉大なる人生の師槇智雄先生」『槇乃実』収載）。マキイズムの感化や、じつに恐るべし。自衛隊のあり方に概して批判的だった旧軍人にしては、じつに百八十度の転換だった。

マキイズムの試練はこれから

こうして防大の基礎を作った槇は、一九六五年一月、内務官僚出身の陸上幕僚長・大森寛に校長のポストを譲り、七三歳で防衛大学校を退職した。そのとき、在職中の式辞類の散逸を恐れて、同大の上田修一郎教授の企画で編まれたのが、『防衛の務め』だった。この槇の著作は、一九六八年一〇月に彼が亡くなったあとも再版されつづけている（さきに言及した入校式の挨拶もここから引いた）。

たしかに、『防衛の務め』は戦前の「軍人勅諭」などにくらべると、分量が多く、暗記に適さず、読みづらいかもしれない。だが、その分、ひとりひとりが読み解いて、自分の頭で考えられる余地が残っている。民主日本らしい、防衛のバイブルといえよう。

もっとも、マキイズムの真骨頂は、校長の率先垂範にあった。顧みて今日、それは適切に継承されているだろうか。コロナ禍で防大でも宴会や会合の自粛が呼びかけられているにもかかわらず、二〇二〇年一〇月一四日、国分良成（こくぶんりょうせい）校長（慶應出身）、梶原直樹幹事（陸将）、斉藤和重副校長（防衛官僚出身）らが、山梨県の飲食店に集まり、ワインなどを飲んでいたと報道された。親睦のために飲み会が必要なのはよくわかるものの、そこで踏みとどまってこそのマキイズムではなかったか（国分は翌年三月退任）。

また、しばしば幹部学校などで右派的な講師が呼ばれているのは、防大の教育にたいする不満のあらわれでもある。防大では愛国心や歴史観の涵養が足らない。では、われわれが人事的に自由になる幹部学校などでふさわしい講師を呼ぼうではないか――。

その問題意識はわかるものの、たとえばバイデン米大統領が不正に当選したかのごとく吹聴するデマゴーグなどを呼んだのでは意味がない。真贋を見極められるのも教養人の嗜みであろう。槇の理想を生かすも殺すも、今後次第。マキイズムの真価はオペレーションの時代といわれる今日、まさに試されようとしている。

第四章　旭日旗がいまもひらめく理由――うごめく海軍再建の夢

陸上自衛隊は「用意周到・頑迷固陋（ころう）（または動脈硬化）」、海上自衛隊は「伝統墨守・唯我独尊」、航空自衛隊は「勇猛果敢・支離滅裂」――。陸海空の自衛隊は、しばしばこのように評される。隊内の隠語でもあるので、それぞれの特徴がプラスとマイナスの両面で記されているけれども、ひとつだけ、褒めているのか、貶（けな）しているのか、よくわからないものがある。海自の「伝統墨守・唯我独尊」がそれだ。

三自衛隊のなかで、よくも悪くも、旧軍の伝統をもっともよく受け継いでいるのが海自だといわれる。すでに述べたように、陸自は、旧軍よりも旧内務省と米陸軍の影響が色濃く、空自は、戦前に空軍が存在しなかった関係上、しがらみがない。これらにくらべて海自は、旧海軍軍人たちの熱心な運動によって誕生したという点で、大きく背景が異なっている。軍艦旗とまったく同じデザインの旭日旗が自衛艦旗としていまも翩翻（へんぽん）とひるがえっているのは、まさにその象徴である。

とはいえ、海上警備隊から、警備隊を経て、海自へといたる過程は、かならずしも平坦な道ではなかった。

山本五十六に直談判してテヘランへ

海自の歴史をひもとくにあたり、最初に取り上げるべきは誰か。順当にいえば、山崎小五郎だろう。海上警備隊で海上警備隊総監、警備隊で第二幕僚長、そして海自で初代の海上幕僚長を務めた、陸自でいえば、林敬三に当たる大物だ。しかも、のちの運輸事務次官でもある。

ところが、この山崎、自衛隊関係者の間であまり評判がよろしくない。次章で取り上げる大物防衛官僚の海原治いわく、「それ〔旧海軍出身の部下〕に対する力はゼロ」「もう全然力がない」(『海原治オーラルヒストリー』上巻)。旧海軍出身で、のちに海上幕僚長を務める中村悌次いわく、「妙な人がおるなという感じ」「そのうち長沢〔浩〕さんが二代目の幕僚長になられて、やっとこれで、ものになっていくかなという感じ」(中村悌次『生涯海軍士官』)。まさに散々だ。

そこでここでは、初代の海上保安庁長官・大久保武雄から筆を起こしたい。これはけっして遠回りではない。というのも、同庁の母屋にあたる運輸省(現・国土交通省)は、海自の成立にも大きく関係しているからである。

大久保は、一九〇三年一一月二四日、戦国時代から続く商家の分家の三男として熊本市に生まれた。夏目漱石も教鞭をとった名門の第五高等学校を経て、東京帝大法学部を卒業。高浜虚子に師事し、橙青（とうせい）という俳号をもった。一九二八年四月、有資格者（キャリア官僚）として逓信省（ていしんしょう）に入省。同省では、先述した山崎小五郎の三年先輩にあたる。奈良郵便局長や関東逓信局総務課長などを務めたあと、一九三八年二月、外局に昇格した航空局の監理部国際課長に抜擢され、大日本航空の設立に尽力した。

俳号をもつ官僚というと、文弱の徒との印象をもつかもしれないが、大久保はなかなか大胆だった。一九三九年早々のこと。イラン皇太子モハンマド・レザー・パフラヴィー（のち皇帝。一九七九年、イラン革命でエジプトに亡命）の結婚式がテヘランで行われ、日本の皇室からも贈り物が送られることになった。国際課長の大久保は、その荷物が香港経由にて英国機で空輸されると知り、五高の先輩でもあった宮内省の鹿児島虎雄に抗議した。

大久保武雄

「なぜ日本の航空会社の飛行機で届けられないのか」

「日本にどんな飛行機がありますか」

「ダグラス、ロッキードを持っております」

「それは米国の飛行機ではありませんか」

大久保も、そう言われては返すことばもなかった。とはいえ、そこで諦めず、海軍の渡洋爆撃機を貸してもらおうと、上司の監理部長とともに、海軍省の山本五十六次官に直談判した。その山本も、

「帝国海軍は、中南支［華中、華南］を爆撃中であり、他の用途に廻すような飛行機はない」

とすげない返事だったが、大久保は海軍省に日参し、ついに、

「使えぬ飛行機ならあるかもしれない」

との答えを引き出した。

弾痕生々しい飛行機は急いで修理され、「そよかぜ」と名付けられた。同機は、イラン公使の中山詳一や大久保らを乗せて、四月九日、東京を発ち、飛行許可の下りなかった地域などを避けながら、台北、広東、バンコク、カルカッタ、アラハバート、カラチ、バスラ、バグダッドを経て、同月一五日、テヘランに無事到着した。

大久保は出発の前夜、トランクに一振りの短刀を忍ばせた。もし皇室からの贈り物がなにかの事故で間に合わなければ、自決の覚悟だった。

幸い、短刀の出番はなかった。大任を果たした大久保は、大日本航空の永淵三郎とともに、テヘランからルフトハンザ機に乗り、ドイツとイタリアの航空視察も行った。ナチスの実力者、ゲーリング空軍大臣にも会ったという。その後、ふたたびテヘランに戻り、「そよかぜ」で帰路についた。五月二九日、帰国の翌日に海軍省の山本五十六に挨拶に行くと、

「おめでとう。今回の大飛行で金星九百馬力の熱帯テストができました」

と笑われた。冗談半分だったのだろうが、大久保はエンジンテストに利用されたと知って、相手のほうが一枚上手だと舌を巻いた。やがてこの山本は連合艦隊司令長官となり、太平洋戦争の劈頭(へきとう)、真珠湾攻撃を実行することになる(以上、大久保武雄『霧笛鳴りやまず』)。

「この組織から日本の海軍は生まれる」

太平洋戦争下、逓信省は運輸通信省、運輸省へと再編された。大久保は籍を移しながら、一九四四年一二月、内閣総合計画局の参事官となり、船舶動員計画を担当。翌年三月には、同僚とともに東条英機の後任である小磯国昭(こいそくにあき)首相に、陸軍の民船徴発を抑えてくれるようにまたまた直談判を行った。

「国民の士気をつなぐために民需船を確保してください。そのためには陸軍の民船徴用を押えてもらわねばなりません」

「でもねえ……」

「いまこの事態を前にして首相がでもねえ……と愚痴をいわれるようでは心配です。首相は陸軍大将ではありませんか。陸軍を押えられませんか」（前掲書）

さすがの大久保も今度はさすがに思い通りにならぬまま、終戦直前の六月、中国海運局長として広島に赴任した。運よく、原爆投下は出張により辛くも逃れた。戦後は、復活した逓信省に復帰せず、運輸省の海運総局船員局長を務めた。

運命が大きく動くのは、この船員局長のときだった。当時、海軍の庇護を失った日本の漁船は、貴重な食糧を求めて盛んに操業していたが、周辺の国々に片っ端から拿捕（だほ）されていた。

このままではいけないと、大久保は占領軍に窮状を訴え、こう申し入れた。

「占領軍で日本の船舶を護（まも）るか、それが出来なければ日本に船舶を護る警備組織をつくらせて欲しい」（前掲書）

占領軍の答えは、はたして後者だった。その補助のため、一九四六年三月、米国より、コースト・ガード（沿岸警備隊）のミールス大佐が呼び寄せられた。

ミールスは、おそらく自覚がないままに、大久保に重要な情報を与えた。米コースト・ガードは、初代財務長官アレクサンダー・ハミルトンによって税関監視隊として設立され、やがて海軍設立の母体となったのだと。それを聞いた大久保は、こう思わずにはいられなかった。

「いずれ日本が独立した暁には、自国の海は自国で守らねばならぬので、米国コースト・ガードに似た組織を作っておけば、近き将来この組織から日本の海軍は生まれる」（大久保武雄『海鳴りの日々』）

そして実際にそのとおりになるのである。大久保が、みずからを日本のハミルトンをもって任ずるまで、それほど時間はかからなかった。

初代にふさわしい活躍ぶり

大久保が頭を悩ませていたのは、漁船の拿捕だけではなかった。

一九四六年六月、朝鮮半島でコレラが発生、難を逃れようと大勢の朝鮮人が日本に密入国してきた。しかも、食糧の配給を受けられないかれらは、生活のため、密輸に手を染めざるをえなかった。つまり、防疫と密輸の取り締まりが、新しい課題として浮上してきたのだった。

日本版コースト・ガードの必要性は、いまや誰の目にも明らかだった。そのため、同年七月、不法入国船舶監視本部が設置され、翌年八月、旧海軍の駆潜特務艇二八隻が、第二復員局（後述）より移管された。そして一九四八年五月一日、ついに海上の治安維持を統括する組織として、海上保安庁が設置された。大久保は、同年三月より不法入国船舶監視本部長を兼任するかたちでこれに関与、めでたく同庁の発足とともにその初代長官に就任したのである。

海上保安庁は、くしくも旧海軍庁舎の一角におかれた。その開庁にあたり、大久保は百余名の職員をまえにこう述べた。

「海上保安庁の精神は、〝正義と仁愛〟である」

そして同月一二日、こんどは庁舎の屋上に、大きな庁旗を掲げた。紺青にコンパスの、斬新なデザインだった。これは、占領軍より旧陸海軍を思わせる「桜・星・錨」、そして赤色を禁じられたからだったが、思わぬエピソードも生んだ。ある日、大久保が庁旗を立てた車で米極東海軍司令部に乗り付けたときのこと。ふだんは見向きもしない衛兵が、いきなり捧げ銃して頭右をしてきた。庁旗が米海軍の代将旗と似ていて、提督と勘違いされたらしい。大久保は驚いて、おもむろに手をあげて答礼した。

また大久保は、長官旗とともに、海上保安庁の制服デザインにも関与した。とくに徽章の梅は、その肝いりだった。占領軍が星や桜を禁ずるならば、もっとふさわしいものを選ぼう。大久保はそう考えた。「梅は艱難の中に花を咲かせ、清香を放ち、花が散っても実を残し、その実は息長く常に民衆とともに生きている。これは戦後の民主主義の精神と、敗戦日本が、雑草のようにねばり強く復興していかなければならない民族復興の精神を象徴しているともいえて、私は、桜よりも、梅を徽章とすることに誇りを感じた」(『海鳴りの日々』)。

大久保が定めた基本精神、旗、徽章のすべては、現在も海上保安庁に継承されている。まさに初代にふさわしい活躍ぶりだった。

海上保安庁に役者が揃う

こうして新しい門出を迎えた大久保のもとには、有望な部下が揃った。保安局長の山崎小五郎もそのひとり。かれはもともと船員局時代から大久保の部下で、先述したとおり、のちに初代海上幕僚長となった。やがて政治家に転じて官房長官、外務大臣を務める総務課長の木村俊夫や、防衛事務次官を務める保安課長の小幡久男なども特筆に値する。

ただ、もっとも注目すべきは、顧問となった山本善雄だった。マッカーサーは同庁の発足にあたり、一万人以内で旧海軍出身者の使用を認めた。そのため、奥三二、田村久三、池田法人、渡辺安次ら佐官級をはじめ、大勢の旧海軍軍人が馳せ参じたが、そのなかでも元海軍少将にして最後の海軍省軍務局長である山本は、その筆頭格だった。

山本は、一八九八年六月二〇日、山形県に生まれた。海軍では、黒潮を浴びる水上勤務よりも、中央官衙で事務に従事する、通称「赤レンガ組」がエリートとされたが、山本はその典型だった。海外駐在も多く、一九三六、三七年のイギリス大使館付武官補佐官のときには、駐英大使の吉田茂とも顔見知りとなっている。戦時下には、おもに海軍省の中核たる軍務局に勤め、終戦直前は同局第一課長。そして一九四五年一一月、最後の軍務局長として海軍の解体を見届けた。

といっても、軍隊の解体はおいそれとできるものではない。残務処理のため、海軍省が第二復員省に衣替えすると、山本はその総務局長に就任。そして同省が第二復員局に改組されると、総務部長に横滑りした。そして同局は、一九四八年一月、ようやく解体された(その後も残る復員業務は、厚生省復員局に引き継がれた)。

このような経緯は陸軍とほぼ同じなのだが、海軍の場合は、やや特殊だった。というのも、その残存部隊が、敗戦後も現役で活躍していたからである。

どういうことか。日本列島の周辺には、戦時下に米軍によって撒かれた機雷(機械水雷。艦船が接触、近接すると爆発する)が大量に漂っており、安全な航海の妨げになっていた。

そこでGHQはその処理を日本側に命じたのだが、そのような技能をもつのは、旧海軍の掃海部隊しかなかった。そのため掃海部隊だけは特別に解体をまぬかれたのだった。

掃海部隊の所属は、第二復員省、第二復員局を経て、一九四八年一月、運輸省掃海管船部になった。山本も、同部長として運輸省に移籍。そして海上保安庁の発足とともに、掃海部隊も同庁の所属となったのである。

このような経緯で海上保安庁の顧問となった山本だが、じつは裏の顔があった。海軍の再建を虎視眈々と狙う旧海軍軍人のひとりとしてのそれだった。

山本善雄

海軍関係者は、将来の海軍再建を期して、占領下に密かに活動していた。山本の前に軍務局長だった保科善四郎は、敗戦後まもなく、米内光政海軍大臣より大臣室に呼ばれ、早くも海軍再建などについて検討するよう要望されたと証言している（「わが新海軍再建の経緯（保科メモ）」『戦後日本防衛問題資料集』第二巻収載）。

少数精鋭の海軍は、陸軍にくらべて結束力が強かった。そして第二復員局が解体された一九四八年以降には、佐官級だった吉田英三、永石正孝、寺井義守によって、細部の研究が進められた。貴重な実働部隊である掃海部隊にも、未来を見据えて、旧海軍の優秀な人材がプールされ、技術の継承が図られた。山本はこうした動きと呼応しながら、海軍再建の中心人物として活躍していくことになる。

こうして、海上保安庁に役者は揃った。あとはときを待つだけだった。

ときとはほかでもない、一九五〇年六月二五日、朝鮮戦争の勃発である。これを受けてマッカーサーは、七月八日、書簡を出して「七万五〇〇〇人のNational Police Reserveの創設」とともに、「海上保安庁定員の八〇〇〇名増加」も「許可」した（第一章参照）。

大久保は、マッカーサーの真意を測りかねた。たしかに海軍の再建は念頭にあったが、それがこの八〇〇〇名なのだろうか。占領軍に訊ねたところ、そうではないという。吉田茂に意見を求めても、やはり同じ答えだった。

「海上保安庁はなかなかよくやっている。私は日本に軍隊をつくることは成るべく避けたい。当分考えんでよろしい」

吉田は、軍隊を復活するにしても、経済が発展したあとだろうと述べたあと、葉巻をくわえ直して大きく笑った。

「私は、君の着ている紺色の制服は好きだが、カーキ色は大嫌いでね」（『海鳴りの日々』）

ただ、すでに海軍再建に向けた歯車は密かに動きはじめていた。

掃海部隊に最上級の称賛「ウェル・ダン」

海上保安庁長官・大久保武雄のもとに緊急の連絡が入ったのは、一〇月二日のこと。相手は、米極東海軍参謀副長アーレイ・バーク少将だった。

「至急会いたい」

大久保がさっそく同軍の司令部を訪ねると、バークは、占領国の高級軍人としては珍しく、わざわざ参謀副長室のドアまで歩いてきて手を握り、歓迎の意を示した。そして大久保を作戦室に案内して、朝鮮半島の情勢についてみずから説明した。

国連軍は先月、仁川上陸作戦を実施し、北朝鮮軍よりソウルを奪還した。現在、日本海側の元山への上陸も企図している。だが、北朝鮮軍が国連軍を阻止しようと、ソ連製の機雷を大量にばら撒いており、掃海に手間取っている――。そこまで言うと、バークは本題を切り出した。ついては、ぜひ日本の掃海部隊の力を借りたいのだ、と。「日本掃海隊は優秀で私は深く信頼している」。

すでに述べたとおり、敗戦により武装解除された日本も、旧海軍の掃海部隊だけは例外的に保有していた。そして日々の活動により、その掃海能力は極東随一になっていた。大久保の海上保安庁はこれを傘下に収めていたのである。バークの依頼は、以上の経緯を踏まえたものだった。

それにしても、戦争中の朝鮮水域に部隊を派遣してくれとは。憲法との兼ね合いはどうなる。大久保はその場で回答できず、ただちに官邸におもむいて、吉田茂首相の判断を仰いだ。はたして答えは、「国連軍に協力するのは日本政府の方針である」(前掲書)。じつは、終戦直後のGHQの命令で、日本は「日本国および朝鮮水域における機雷」の掃海を義務づけられていた。そこで、それを援用し、掃海任務は「戦争協力」ではなく「戦後処理」となった。今後予定される講和条約へ向けて、日本は米国の機嫌を損ねるわけにはいかなかった。

ここから動きは早かった。朝鮮派遣の掃海部隊は、同じ一〇月二日付でただちに編成された。総指揮官は、海上保安庁航路啓開本部長の田村久三元大佐。正式名称は「特別掃海隊」で、掃海艇二〇隻、巡視船四隻、試航船一隻からなる、大規模なものだった。

いきなりの出動に、隊員のなかには「どうして朝鮮まで」と釈然としないものもあったという。大久保は、隊員たちの説得を指示するとともに、同月六日、みずから下関の唐戸(からと)におもむき、旗艦「ゆうちどり」のサロンに指揮官と船長たちを集めて、叱咤激励した。

「隊員は千人針も貰っていない。今日の埠頭には、日の丸の旗も、万歳の声もない。心淋しいことと思う。しかし日本が独立して、世界に名誉ある地位を占めるためには、越えなければならない試練である。手をこまねいていては、独立をかちとることは出来ない。どうか諸君は勇躍して使命を果たして貰いたい。諸君の業績に対しては、二十年後、三十年後の日本人が、必ず感謝の日の丸を振るであろう」（『霧笛鳴りやまず』）

こうして「特別掃海隊」は、朝鮮水域へと静かに出動した。派遣されたのは、元山だけではなく、黄海側の群山、仁川、海州、鎮南浦にも及んだ。秋から冬の荒天下、老朽化した小舟艇による掃海作業は困難をきわめた。

一二月初旬までに、元山ではＭＳ14号艇が触雷、群山ではＭＳ30号艇が座礁し、それぞれ沈没。合計で、一名の死者、一八名の重軽傷者を出した。その一名、山口県出身の中谷坂太郎は、戦後日本の知られざる「戦死者」である。そのような活躍により、米海軍は触雷の恐怖から解放され、ついに作戦を自在に遂行できるようになった。

期待以上の成果に、極東米海軍の感激は大きかった。一二月七日、同軍司令官ジョイ中将は、大久保を司令部に招いて、「特別掃海隊」の功績を讃える「ウェル・ダン（よくやった）」の感状を授与した。

司令官の幕僚プリンス中佐はわざわざ、「『ウェル・ダン』は米海軍で最大級の称賛です」と説明した。かたわらにいたバークも、同じ気持ちだったにちがいない。そしてこの日本への好感が、海上自衛隊の誕生に大きな影響を及ぼすことになる。

日本嫌いだった「三一ノット・バーク」

というのも、このバークもまた、海自の誕生に大きく貢献したからにほかならない。なぜ米海軍の軍人がそうなのか。まずは、その経歴を確認するにしくはない。

アーレイ・バークは、一九〇一年一〇月一九日、米国コロラド州のボルダーに生まれた。初代防衛庁次長・増原恵吉の二歳上にあたる。

父方の祖父はスウェーデン移民のパン職人、父オスカーはカウボーイから転じた開拓農民だった。内陸部で海と縁遠い生活だったが、経済的な余裕がなかったため、授業料が無料の海軍兵学校に進学。卒業後は、配属された戦艦「アリゾナ」で猛烈に働き、「バークは五〇になるまでに死ぬだろう。もし死なければ海軍作戦部長になるだろう」と噂されるほどの存在感を発揮した。

海軍作戦部長は、日本海軍における軍令部総長にあたる。名前からはわかりにくいが、米海軍のトップだ。はたしてバークは、一九五五年八月から一九六一年八月まで、なんと六年にわたって同職を務め上げることになる。亡くなったのは一九九六年一月だから、長寿も、要職も、ともに手に入れたわけだ。なお、米海軍で現役の駆逐艦の艦級「アーレイ・バーク級」も、かれの名にちなんでいる。

真珠湾攻撃で日本海軍に初任艦の「アリゾナ」が撃沈されたこともあってか、太平洋戦争下のバークは、猛烈な日本嫌いだった。「ジャップを殺すに役立つなら、重要なり／ジャップを殺すに役立たぬなら、重要でなし」。一九四三年一〇月、第二三駆逐隊群司令として旗艦「チャールズ・S・オースバーン」に着任したバークは、部下の駆逐艦長たちを集めて、このように書かれた戦術書を手渡している。

そのことばに違わず、バークは、南太平洋で日本海軍と死闘を繰り広げた。同年一一月のセント・ジョージ岬沖海戦の戦いでは、高速で戦場に駆けつける姿から、「三一ノット・バーク」との異名を取った（三一ノットは時速約五七キロ）。その後、バークは第五八任務部隊（空母機動部隊）の参謀長に転出し、同職で戦勝を迎えた。

そのようなバークだから、一九五〇年九月、シャーマン海軍作戦部長の要請で、米極東海軍司令官ジョイの参謀副長として日本におもむくときも、できるだけ日本人とは距離を取ろうと心に決めていた。

ところが、着任早々、元山上陸作戦という難問に直面したことで、転機が訪れた。バークはその困難さを悟って反対したが、マッカーサーの命令は覆らなかった。そこで、日本の掃海部隊に協力を求めざるをえなかったのである。結果は、予想を遥かに上回る好成績。

長い東京滞在で、さまざまな日本人と接触をもったこともあり、バークの日本嫌いは、いつの間にか消え失せていたのだった（以上、阿川尚之『海の友情』）。

日米海軍の蜜月と野村機関の暗躍

それどころか、バークは、日本海軍再建のもっとも熱心な支援者となるのだが、それにかんして、もうひとりのキーマンが存在する。それは、野村吉三郎（きちさぶろう）元海軍大将。太平洋戦争がはじまったときの駐米特命全権大使だった。

野村は、一八七七年一二月一六日、和歌山県生まれ。終戦時六八歳の海軍最長老のひとりで、海軍の良識派として知られた。一九一四年から一九一八年まで大使館付武官として米国に滞在。その後も、ワシントン会議に全権随員として参加するなど米国との交流も深く、一九二九年、練習艦隊司令官として合衆国艦隊旗艦「テキサス」を訪問したときには、プラット司令長官と親交を結んだ。

そのときの副官ベアリーが戦後、偶然にもGHQ最初の海軍代表に就任して日本にやってきたことは、野村にとって僥倖（ぎょうこう）だった。野村は敗戦国の提督でありながら、米海軍関係者との交流が絶えなかったのだ。一九五〇年一〇月以降は、ここにバークも加わった。

野村は、たびたびバークに面会し、朝鮮・中国の歴史や特質について教授した。バークは、その豊かな知識や思慮深さに感じ入り、やがて、日本海軍を再建するためにさまざまな助言を行うまでになった。朝鮮戦争が長期化するなかで、上司のジョイもこれに前向きだった。

野村が喜んだのはいうまでもない。彼もまた、日本海軍の再建を模索するひとり、それも精神的支柱ともいうべき大御所だったからだ。これなら、米海軍に日本海軍再建の計画書を出してみようじゃないか——。そんな機運が盛り上がり、一九五一年に入り、野村のもとに旧海軍の幹部たちが続々と集められた。

野村吉三郎

作戦部長を務めた富岡定俊と福留繁、軍務局長を務めた保科善四郎と山本善雄。そして元佐官級の長沢浩、吉田英三（ひでみ）、永石正孝、寺井義守。吉田以下の三名は、海軍再建に向けて具体的に研究を進めていたメンバーだった。

そのかたわらで、不穏な情報も入ってきた。米本国では、日本陸軍だけ再建して、海空軍は自分たちで引き受けるようだというのだ。これではせっかくの計画も水の泡になってしまう。そこで野村たちは、近々来日する米国務省のダレス特使に陸海空軍の同時発足を訴える意見書を出すことで一致。一月二四日、あらたにグループを発足させた。それが新海軍再建研究会、別名、野村機関だった。この時期、再軍備はタブーだったので、このような秘匿名が使われたのだった。

メンバーは先述のそれとかなり被るが、研究員として大井篤、渡辺安次、宮崎勇、高橋義雄が新たに加わった。また、顧問には、山梨勝之進、小林躋造（せいぞう）、長谷川清、吉田善吾、沢本頼雄、左近司政三（さこんじ）、堀悌吉、榎本重治といった元将官級の重鎮が並んだ。海軍の一致結束ぶりにあらためて驚かされる。

こうした野村グループの活動により、海軍再建計画書は一月二一日、米海軍側に示された。数度の調整を経て内容が練り上げられ、バークも同月末には「じつにすぐれた計画である」と称賛するにいたった。

また、ダレスへの意見書も二月、無事に提出された。バークはこのとき日本側に寄り添い、ダレスの随員に日本海空軍の必要性を訴えるなど便宜を図ってくれた。野村グループとバークらはまさに蜜月関係だった。

このような米海軍の協力もあり、日本海軍再建への道筋はつけられた。まさに「ウェル・ダン」は「ウェル・ダン」で報いられたといえよう。掃海部隊の出動はけっして無駄ではなかった。一仕事を終えたバークは、五月、第五巡洋艦戦隊司令官に任命されて、東京を離れていった。あとの仕事は、野村たちの活動いかんにかかっていた。

コースト・ガードではなく「スモール・ネービィ」

一九五一年九月、サンフランシスコ講和条約と日米安保条約が締結されると、その動きはいよいよ頂点に達した。直接の引き金を引いたのは、解任されたマッカーサー（朝鮮戦争の処理をめぐってトルーマン大統領と対立）の後を継いだリッジウェイ総司令官だった。彼は、翌月一九日、吉田茂首相に艦艇の提供を持ちかけた。

「日本が希望するならば一八隻のフリゲート艦（ＰＦ）と五〇隻の大型上陸支援艦（ＬＳＳＬ）からなる六八隻の艦艇を日本に貸与しよう。もっとも、そのためには立法措置が必要であるが」

独立した以上、日本も自主防衛に努めなければならない。そのための装備がこれだった。

「いただきましょう」

吉田にこの提案を断る理由はなかった。

とはいえ、この装備をどこが引き受けるのかが問題だった。海上保安庁か、それとも新設の海軍か。この問題を検討するため、一一月二日、日米合同の研究委員会が開かれた。

日本側代表は、山本善雄と柳沢米吉。柳沢は、大久保のあとを襲った海上保安庁長官だった。つまり、それぞれ旧海軍と海保の代表が用意されたわけだが、旧海軍がこの絶好のチャンスを見逃すわけがなかった。

「スモール・ネービィ（小海軍）をつくれというなら引き受けましょう。コースト・ガードなら、お断わりします」

山本は委員を引き受けるとき、こういって憚らなかった。吉田首相の意向も、じつはそこにあった。そのため、委員も旧海軍関係者が八名（山本、長沢、吉田、寺井、秋重実恵、初見盈五郎、永井太郎、森下陸一）であるのにたいし、海保関係者は二名（柳沢、三田一也。臨時の山崎小五郎を含むと三名）。議論はしたがって、海軍ペースで進んだ。柳沢はのちにやや悔しげに振り返っている。

「僕は（新しい組織を）あくまで海上保安庁の中に作るという考えだが、ある程度進んだ段階で、すでにもう警察予備隊といっしょにして何かを作ろうという話が出ていた。［中略］Y委員会の中でも海軍復活論というのが、だんだんに出てくるわけです」（「柳沢米吉（海上保安庁長官）インタビュー記録」『戦後日本防衛問題資料集』第二巻収載）

海軍優勢は、委員会の名称にもあらわれていた。日本側はこれをY委員会と呼んだ。表向きは、YAMAMOTOとYANAGISAWAのYだった。だが、じっさいは違った。

旧海軍では、陸軍徴用船をA船、海軍徴用船をB船、民間の船舶をC船と呼んでいたが、アルファベットを逆にすると、ZのつぎはY。つまり、これは海軍の意味だったのである。

「海上自衛隊のほうが自分を大事に」

もっとも、すべて旧海軍側の思惑どおりになったわけではない。海保側も、かんたんに組織を手放さなかった。

そこで山本たちは名を捨て、実を取った。すなわち、新設の海上警備隊は海保のもとに置くこととし、トップである総監も、総監部の部長級ポストの四分の三も、海保出身者に譲った。その代わり、海上警備隊の組織は、いつでも海保から切り離せるよう、完全独立の外局とした。一種の独立王国だった。海上勤務の実際を担っているのは旧海軍の出身者なので、これで組織は掌握できると考えたのだ。こうして一九五二年四月二六日、山崎小五郎を総監として、海上警備隊が発足した。

山本たちの構想は、日をおかずして実現した。同年八月一日、保安庁が発足すると、海上警備隊は海上保安庁より切り離され、警備隊に改組された。たんに「海上」が取れただけではない。それまで海保が保有していた掃海部隊も、警備隊のもとに配置された。

なんたる旧海軍の周到な計画ぶりであろう。あらためて振り返れば、旧海軍の幹部たちは、敗戦後より海軍復活に向けて密かに活動していた。掃海部隊の指揮官しかり、野村グループのメンバーしかり。そのためには、米海軍とのコネクションもフル活用された。ただし、海軍省や軍令部を失ったかれらは、所属機関が曖昧だった。そこでしばらくのあいだ海上保安庁を仮の宿りとし（掃海部隊）、態勢を整えながら（海上警備隊）、時節到来とみるや、敢然そこから独立したのである（警備隊）。言い方は悪いが、海上保安庁はうまく使われたかたちだった。

とにもかくにも旧海軍の伝統は途切れることなく、警備隊までまっすぐにつながった。そしてこの警備隊が、一九五四年七月一日、海上自衛隊に発展。ついに一六条の旭日旗も自衛艦旗として復活したのだった。

ちなみに、このとき一応、新しい旗も検討された。ただ、デザインを依頼された画家の米内穂豊（米内光政の親戚）は名案が浮かばず、木村篤太郎保安庁長官や吉田茂首相が諒としたので、結局のところ、旭日旗で落ち着いた。「世界中で、この旗を知らない国はない。どこの海に在っても日本の艦であることが一目瞭然で誠に結構だ。旧海軍の良い伝統を受け継いで、海国日本の護りをしっかりやってもらいたい」。吉田は自衛艦旗についてこう述べたとされる（鈴木総兵衛『聞書・海上自衛隊史話』）。

そして初代の海上幕僚長には、山崎が引き続き就任したが、実態をともなっていなかったことは、さきにみたとおり。二代目の長沢浩――すなわち野村機関にもY委員会にも所属した元海軍大佐――のときから本格的に実態をともなったとされるのは、以上の経緯をみれば、当然だった。

このように、海自を「唯我独尊」かはともかく「伝統墨守」と評するのは、かならずしも間違いではない。そこには、たしかに旧海軍の伝統が存在している。ただし、その復活にあたって、米海軍の影響は無視できない。だからこそバークが生きている間、海上幕僚長は訪米のたびにその自宅を表敬訪問し、歴代の防衛駐在官もその誕生日のたびに自宅に花を届けた。

米海軍にも丁重に遇されていたはずのバークは、晩年、こんな冗談を言っていたという。「米海軍よりも海上自衛隊のほうが自分を大事にしてくれる」（『海の友情』）。バークはそれぐらい海自にとって恩人だった。

第二部　東西冷戦と防衛思想の創生

第五章　自衛隊は徹底的に管理せよ――傲岸不遜の「天皇」海原治

「防衛庁では、事務次官の地位は『天皇』といってよい」と、軍事評論家の菊池武文は指摘する。上の防衛庁長官や政務次官は、ころころ変わるうえに「ズブのしろうと」ばかり。下の局長クラスは、国会答弁に忙殺されて身動きが取れない。それにたいして事務次官は、「長期的視野から部下を指導できる」と（菊池武文「事務次官研究　防衛庁」）。

なるほど、遠くは「昭和の大村益次郎」増原恵吉から、近くは防衛省昇格時の守屋武昌まで、防衛庁・省には「天皇」と呼ばれたものが少なくない。だが、なかには次官に就任せずして、「天皇」と呼ばれた豪腕官僚もいた。そのひとこそ、一高・東大・内務省というお決まりのエリートコースを経て保安庁に入り、同保安課長、防衛庁防衛局第一課長、同防衛局長と防衛政策の中枢を渡り歩き、官房長にまで登りつめて次官確実と噂された、「海原天皇」こと、海原治にほかならない。

もとより天皇と呼ばれた理由は、たんに華やかな経歴のみによらなかった。防衛庁出入りの記者、堂場肇、園田剛民、田村祐造の三名が編者を務めた『防衛庁』には、そのひととなりがこう書かれている。「才幹に溢れている代りに『人を人とも思わぬ』ゴーガンな面魂（つらだましい）をもつている。陸、海、空の課長、班長はもとより、自分よりズッと年かさの部長クラスまで、時としてアゴで使うような態度を見せる」。

この記述について海原本人は、「出版祝いまでやってやった」のに「私は悪者」扱いだと、退官後に行われた聞き取り調査で強い不満を述べているけれども（『海原治オーラルヒストリー』上巻）、大蔵官僚時代に防衛庁に出向したことがある現代史家の秦郁彦もまた、「親分肌」で面倒見がよかったとしながら、海原をやはり「暴君型の官僚」のひとりに数えている。

海原　治

「キッシンジャーに似た魁偉な容貌の持主で、ヤクザの親分でもつとまりそうな鋭い目でにらまれるとヒザがガクガクすると、生え抜き組は恐がっていた。どなりつけられてノイローゼになり入院したとか、出向して数日後に『無能だ』と親元へ引きとらせたというたぐいの噂も耳にした」（秦郁彦『官僚の研究』）

写真をみても、なるほど「魁偉な容貌」の威圧感が伝わってくる。ただ、「海原天皇」はその能力や強面でのみ君臨したのではなかった。時代にもまたその原因を求めなければならない。

筧克彦との祭政問答

海原治は、第一次世界大戦さなかの一九一七年二月三日、大阪府西成郡中津町（現・大阪市）に、海原守の長男として生まれた。祖父の海原憐平は判事出身の弁護士で、父はその法律事務所の手伝いをしていた。のちに伯父の海原清平が衆議院議員に当選すると、父はその秘書兼相談役のような仕事も行った。

海原が一九三九年四月、内務省に入ったとき、徳島県出身の秀才が同期に三人もいるとしてちょっとした話題になった。残りのふたりとは、後藤田正晴（警察庁長官、官房長官）と平井学（建設省官房長）。

このころ内務省の採用者は、高等文官試験（高文）と大学の成績優秀者より順に、本省、厚生省（一九三八年、内務省の社会局・衛生局を分離して設置）、地方県庁に配属されていたが、三人とも揃って本省配属だったのである。この出身地からもわかるように、海原の本籍は徳島県にあり、大阪はあくまで出生地にすぎなかった。小学校も中学校も、東京府下だった。

こういう家柄の秀才だから、危なげなくエリートコースをたどったのだろうと思いきや、じつはそう単純ではなかった。中学校のときに伯父が売勲事件（田中義一内閣時の天岡直嘉賞勲局総裁が、叙勲で便宜を図る見返りに、実業家から賄賂を得た事件）に関わって失職し、父も収入源の多くを失った。そのため、一高・東大時代は、家庭教師のアルバイトで糊口をしのがなければならなかった。

ただ、ある意味それ以上に危うかったのは、高文の口頭試問だった。

知事の仕事に魅力を感じ、内務官僚を志した海原だったが、当時は、国体明徴事件の直後だった。それまで定説だった美濃部達吉の天皇機関説は排除され、神がかった筧克彦（東大の講義で柏手を打ち、「いやさか！」と唱えたことで知られる）の「神ながらの道」が幅を利かせていた。高文試験に通るためには、それもマスターしなければならなかった。ところが、海原はちんぷんかんぷんで、むしろ古書店で美濃部の『憲法撮要』を手に入れて、ようやく憲法学を理解できた状態だった。

それだから、口頭試問では、できれば筧以外の試験官に当たってほしかった。そんな願いをこめて会場に入ると、筧ともうひとりの教授が座っていた。やんぬるかな。そこから、筧と海原の冷や汗モノの祭政問答がはじまった。

「帝国憲法第一条の『統治』の意味を説明してください」

「はい、天皇が日本の国を統べて治められることであります」

「わたしは、ことばの意味を聞いているのではありません。法律的な意味をお聞きしているのです」

「わかりました。天皇が、立法、司法、行政の三権を総攬(そうらん)されることであります」

「神を祀ることは、統治には入りませんか」

ああ、きたな。海原はそう思ったが、反論しても仕方ないので筧の意に沿うように答えた。

「入ります。昔は、神を祀ることがすなわち、まつりごとでありました」

「昔は昔として、いまではどうなのですか」

筧の厳しい問いに、海原はじわじわと締め付けられる思いがした。そこで、思い切って相手の懐に飛び込むことにした。

「……たぶんに抽象的な言い方となりますが、清き明き直き心を広めることが、統治の意義であります」

「そうですか。では、その心は、どこにありますか」

この正解は、「このあたりに(宇宙空間に)満ち満ちている」だった。ただ、海原はさすがにそこまでの表現はできず、

「それは、ひとびとの心のなかに存在しております」

と答えるだけで精一杯だった。

およそキャリア官僚の試験とは思えない内容だったが、回答に苦慮する海原を見て筧も同情したらしく、「貴君のおっしゃりたいことは、こういうことですね」と助け舟を出してくれた。海原はこれに「はい、そのとおりであります」と応じ、試験は終了となった。海原は「これでは落第だな」と落ち込んだが、蓋を開けてみれば、積極的に答えた豪胆さが奏功して好成績で合格を果たしていた（以上、『海原治オーラルヒストリー』上巻）。

先輩の「明哲保身の術」に反発する

晴れて内務省に入った海原は、大臣官房文書課庶務係に配属された。高文合格者は、在職四、五年で高等官に上り、名実ともにキャリア官僚の一員となる。それまではノンキャリア組と同じく属官という身分だが、見習として先輩より目をかけられるなど特別な扱いを受けた。

そのなかで、海原は早くも豪胆な官僚としての姿を垣間見せている。それは、会計課長の灘尾弘吉（なだおひろきち）より、内務官僚の心得として「明哲保身（めいてつほしん）の術」を教えられたときのことだった。「役所では、物事を決定するのにかならず会議を開く。会議で真っ先に意見をいうものは、みなから叩かれる。だから、会議では、はじめ黙ってみなの意見を聞いておれ。しばらくすると、どっちの方向に行くかの見当がつく。そのときに、そっちの方向での意見をいう。

これが度重なると、『あやつは、いつも、正しいことをいう』となる」

なるほど、これこそのちに内務次官まで上りつめる灘尾の処世術だった。だが、海原は反発を覚えた。「会議は、いろんな意見を出し合ってこそ意味がある」。そしてあろうことか、「明哲保身は考えない。常に自分の意見を持ち、それを言おう」と逆に決心したのである。「天皇」とまで呼ばれる官僚は、やはり一年目からモノが違った（前掲書）。

もっとも、見習としての生活は短かった。大学卒業により徴兵猶予の特典がなくなり、召集が迫っていたのだ。

このころ、内務省に入るようなエリートは、海軍の短期現役士官制度（短現）をよく利用した。これは、大卒などの役人やサラリーマンを、主計科など後方支援系の海軍士官として短期間採用する仕組みだった。陸軍に徴兵されれば二等兵としてこき使われるが、海軍の短現では少尉または中尉として士官の待遇が約束された。そのため、高学歴者のあいだで人気が高かった。

海原も在学中にこの試験を受けたものの、痔を理由に落とされていた。その結果、陸軍での応召となった。それは仕方ないとしても、せっかく高文に受かって内務省に入ったのだから、せめて一日でも半日でも高等官になっておきたかった。高等官と属官では、使用する食堂やトイレも異なるほど、天と地の違いがあった。

そこで、同期の後藤田、平井とともに人事課長の町村金五に、無理を承知で相談してみた。すると、なんと一九四〇年一月付で高等官にしてくれた。この年のみの温情的な特例であり、海原は高知県勤務の地方事務官に任じられた（事務官は現在と異なり、地方では課長級、中央では課長補佐級の職位）。

配慮はもうひとつあった。内務省では通常、二年間の休職で自然退職になってしまうが、兵役中のものについては、書類上で休職と復職を繰り返すことでその問題を回避することになったのである。

こういう環境に恵まれ、海原は翌月、徳島県の第一一師団歩兵第四三連隊に入営し、当時駐屯していた満洲東部国境の虎林（こりん）に送られた。海原は機関銃中隊の二等兵だったが、直前の出世はさっそく効果を発揮した。「あいつは高等官だ。中隊長より偉いそうだ」と兵隊のあいだで噂になり、悪名高い私的制裁（ビンタ）も、同年兵の半分くらいの回数で済んだ。事実、海原は従七位で、正八位の中隊長より宮中席次では上位だった（海原治「一内務官僚の昭和史」）。

満洲での軍隊経験が「天皇」の下地に

それでも陸軍の二等兵はじつに悲惨だった。そのため大卒者の多くは試験を受けて、幹部候補生の道を選んだ。

海軍の短現と似た仕組みだが、この当時、事前の試験にさえ受かっておけばいきなり将校になれる短現にたいして、陸軍の場合はあくまで入営後の試験だった。つまり、どんなに頭がよくても陸軍ではいったん最下級の扱いを受けざるをえず、ここに海軍人気の秘密があった。

といっても陸軍に入ってしまった以上、文句をいっても仕方なく、海原もこの制度を使い、経理部の甲種幹部候補生（士官適任）となり、新京の経理学校を経て、一九四一年一一月、主計少尉に任官した。ちなみにこのころ、同じく主計少尉として虎林に送られた増原恵吉と知り合っている。

その少しまえ、満洲では対ソ戦準備（関東軍特種演習）が発動されたが、海原は経理部長の命令で、朝鮮の清津までおもむいた。発動機付きの木舟や、偽装網の材料となる古い漁網などを調達するためだった。ところが、いざ漁業組合を訪ねても、まだ身分が下士官だったので、まともに相手にしてもらえなかった。

困った海原は、一計を案じた。「高知県地方事務官　海原治」の名刺を作り、その肩書を一本線で消して「満州第四一〇部隊　陸軍主計軍曹」と書き込んだのである。これが効果覿面、組合長がすぐに出てきて、「昨日は、たいへん失礼いたしました。どういうご用件でしょう。何なりと」と親切に対応してくれた。この咸鏡北道のあたりでは、内務官僚の地方事務官は知事のつぎくらいに偉かった（前掲書）。

それにしても、偽装網すら満足に準備できていないとは。そもそも関東軍所属の下士官が、越境して朝鮮で物資を調達するのもご法度だった。海原は、陸軍の作戦計画がいかに杜撰なものか、これで痛感させられた。結局、関特演は中止されたものの、海原は、満洲での軍隊経験を通じて、「絶対に幕僚さん方の作文だけを信用することはしない」と肝に銘じた。これは、やがて防衛庁に入り、幹部自衛官（つまり、旧軍の元エリート将校）たちと付き合うときの態度になってあらわれた。

「私が防衛庁で大きな顔ができましたのは、満州でそういう体験をしていますからね。相手は全部［旧軍の］参謀連中でしょう。『君、機関銃を撃ったことがあるか』と聞いたら、終わりですよ。『湿地を知っているか』と聞くと、『はあ？』と言う。『君たちは不能な命令を出しておったんだ。そんなことは誰でもできるんだ。第一線はどういうところか知っているのか』と言うと、終わりなんですよね（笑い）」（『海原治オーラルヒストリー』上巻）。

また、軍隊で鍛えた軍歌の知識を披露して、「何ですか、みなさん方は。陸軍士官学校出身は。三番までしか歌えないじゃないですか」と、宴席で幹部自衛官を黙らせたこともあった。海原は一四番ある「戦友」も、上下あわせて三二番ある「橘中佐」も、たやすくそらんじることができた。

「絶対に〝歌比べ〟で勝つ。『よくまあ、それで正式な軍人だったな』と言うんです（笑い）。『予備役、しかも主計将校がこれだけちゃんと軍歌を歌っている。満州で鍛えたんだ。何ですか、あなた方は』と言うと黙っちゃう」（前掲書）

いわば、前線マウンティングに、軍歌マウンティング。満洲での軍隊経験は、もともとの豪気な性格のうえに、実践的な軍事知識を与えて、「天皇」の下地を作ったのである。

なお海原は、ギリギリのところでソ連の満洲侵攻をまぬかれている。一九四五年四月、本土決戦に備えるため四国に渡り、そこで終戦を迎えた。海原はこのとき、二八歳の主計大尉となっていた。

蚊帳のなかで法案を起草する

敗戦後、海原は内務官僚として復職した。最初の約一年間は、高知県で占領軍の受け入れ業務に従事し、その後は東京に戻り、警視庁で交通課長、生活課長などを歴任した。生活課長時代には、持ち前の性格で、闇市を取り締まるため、テキヤの大親分と直談判もしている。

「私は警視庁記者会詰めのＮＨＫの坂本力君（第二章参照）［中略］に、証人として同行を頼み、私服用のコルト［拳銃］を腰につけて、日暮里の甲州屋何代目かの宅を訪ねた。門から玄関まで子分がずらっとならんでいて、いささか無気味であった。御馳走になり酒盃を交わしながら、天下の情勢を説明し、『組を解散して、商業協同組合を作るのが一番良い』と進言した。親分は、『わかりました。仲間と相談してそうします』と答えてくれた」（海原治「一内務官僚の昭和史」）

そのあいだにも、内務省が解体され、警察も国家地方警察と自治体警察に分割された。海原は内務官僚から警察官僚となり、一九四八年八月、その国警本部の総務部企画課長に任命された。

防衛政策との関わりができるのは、このときのことである。一九五〇年七月、上司の総務部長・加藤陽三が「たいへんなことになった」と言った。海原は「なんですか」と理由を訊ねた。

「こんど警察予備隊ができる」

「それはなんですか」

「よくわからん」

とはいえ、海原はすぐ「ハハン」と思った。先月、朝鮮戦争がはじまったばかり。警察の予備か、それとも軍隊的なものか。国警内でも意見はわかれたが、海原は「これは軍隊だな」と直感的に考えた(『海原治オーラルヒストリー』上巻)。

まもなく警察予備隊の本部長官には香川県知事の増原恵吉が内定し、その設立準備が国警本部ではじまった。旧内務省系の組織と人脈がここで物を言った。海原は、警察予備隊令の起草を任され、密かに自宅で作業にあたった。機密が漏れないように、座敷に蚊帳を吊って、そのなかで筆を執る慎重さだった。

そんなある日の夜、NHK記者の坂本力が、噂を聞きつけてやってきた。海原は追い払おうと、蚊帳のなかから怒鳴りつけた。

「今回ばかりは、貴公といえども、一歩たりともこのなかには入れん」(坂本力「自衛隊ゼロ歳滑稽譚」)

こうした苦労を経て、八月一〇日、警察予備隊が発足した。その主要幹部は国警より採用され、上司の加藤陽三は人事局長となり、同期の後藤田正晴は警備課長兼調査課長となった。海原にも誘いの声があったが、うまく逃げおおせ、一九五一年六月、東京警察管区本部警備部長に転じた。

このとき、海原に防衛政策に関わる気持ちはまったくなかった。それが急転直下、保安庁保安課長に就任するのは、翌年八月のこと。威厳十分ながら、海原はまだ三五歳だった。

やむなく防衛官僚の道に

「新国軍の土台たれ」

一九五二年八月四日、保安庁長官を兼任する吉田茂首相は、越中島の本部で幹部をまえに密かにこう訓示した。保安庁が発足して四日目のことだった。その場にいた後藤田正晴保安課長は、「首相は再軍備しない、しないといってきたが、ここでひと区切りつけようとしているな」と感じ取った（『昭和戦後史「再軍備」の軌跡』）。

海原はその後藤田の後任として、同月二〇日、保安庁の保安課長に就任した。防衛政策の中核を担う要職への抜擢（ばってき）だった。この人事は、増原恵吉次長の肝いりであったとされる。保安課長は、やはり陸軍のことがわかっていないといけない。同じ軍隊経験者として、増原は海原を高く買っていた。

その後、一九五四年七月に防衛庁が発足してからも海原は居残り、やがてその実力から「海原天皇」と庁内で恐れられることは、すでに述べたとおり。もっとも、当人の弁では、後藤田と同じく当初は「腰掛け」のつもりだった。ところが、警察官僚の後輩が誰も交代に来てくれないので、やむなく防衛官僚としての道を進むことになった。

「別に私が防衛が好きだからじゃないんですよ。誰もやる人がいない、嫌がってみんな袖

にするから、それじゃいけないと思っただけです」（『海原治オーラルヒストリー』上巻）

ともあれ、「明哲保身の術」を顧みず、ズケズケものをいい、千万人といえどもわれ往かんの意気で行動にも移す海原の胆力は、草創期の防衛庁に数多くの爪痕を残している。

そのひとつが、敬礼のやり方だった。

発端は、保安庁の発足にさかのぼる。米陸軍が立ち上げに関与した保安隊と、旧海軍の関係者が立ち上げに関与した警備隊は、組織文化が大きく異なっていた。敬礼ひとつ取っても、保安隊は米陸軍式でどんなときも挙手の礼だったが、警備隊は旧海軍式で屋内の無帽時はお辞儀をした。これが保安庁のもとで一緒になり、共通の保安大学校（現・防衛大学校）で幹部を養成することになったため、「どちらの敬礼で統一するか」という問題が生じたのである。

そこで海原の出番だった。幹部が並み居る会議室で、増原次長は訊ねた。

「海原君。敬礼の統一について、君の意見を聞きたい」

海原は「まずいところへ引っぱり出されたな」と思ったが、後の祭り。「私の所掌ではありませんが」と断ったうえで、

「あの米軍式は、評判が良くないようですね」

と答えた。すると、林敬三が顔を曇らせた。林は、保安隊制服組のトップである第一幕

僚長に横滑りしていた。

「海原君。そんなことはない。皆、米陸軍式が良い、と言っている。無帽時に頭を下げるやり方は、卑屈な感じを与える。室内でも、〝気をつけ〟の姿勢をとったほうが、シャキッとして良い」と厳しい口調で批判してきた。

「陸の人びとも、必ずしも、米軍式が良いとは言っていないようですが……」

海原が負けじと反論したことで、またたく間に議論に発展した。

「では、陸は陸、海は海と、現在の方式でゆくことにしていただきましょう」

「それはいけません。私が保安大学校の学生だとします。教官室に入り、敬礼をする場合に、どなたが先任かを伺い、先任の教官の服の色に従って、敬礼の仕方を決めるのでしょうか。もし、任官の序列が同一であったら、どうするのでしょうか」

あくまで統一を迫る海原に、林は数を頼んだ強硬手段に打って出た。

「次長。隊員の数の多い方の礼式で決めてください」

増原はこれに困り顔で沈黙。ならばと、海原は逆に提案した。

「文部省にでも問い合わせて、日本人の礼式としては、室内ではどうあるべきかを聞いて、一般の礼式に従うことにされたらいかがでしょうか」

「よし、そうしよう」

はたして、文部省の回答は「旧海軍式がよい」だった。自衛隊の礼式もそれゆえ、旧海軍式が受け継がれている。知られざる海原遺産のひとつである（「一内務官僚の昭和史」）。

階級名称、任用制限にも関わる

海原はまた、階級の名称をどうするかという問題にも少しばかり関わっている。それは自衛隊の発足へ向けて準備中のことだった。

「どうして大将、大佐、大尉という昔の呼び方を使わないんだ」

旧軍の出身者五、六人が、ある日、事前の約束もなく海原の部屋に押しかけてきた。それまで警察予備隊や保安隊では、軍隊でないことを示すために、「一等警察士」「一等保安士」など、耳慣れない階級が使われていた。それがついに自衛隊になるのだから、旧軍と同じ呼び方に戻してはどうかというのである。

「君が今度の陸・海・空自衛隊の隊員の階級の称呼について反対意見を言っているようだ」

海原はこの詰問を笑ってかわしたあと、こう切り返した。

「仮に昔の称号を使う。大将、中将、少将というものを使おうとしたら、どう言うんですか。陸上自衛隊大将ですか。ずいぶん長いですね。これがそのまま使えるでしょうか。私が陸・海・空の人に言っているのは、必ず、新聞が略語を作るということです。どういう略語を作るんですか。陸大将ですか。海大将ですか。空大将ですか」

旧軍人たちは「うーん」と唸った。「陸自大将」などでいい気もするが、当時は「陸自」という略称に馴染みがなかったのだろう。海原は追い打ちをかけた。

「陸大将でいいのならどうぞお使いください。私はそう言っているだけです」

これで一本あり。階級の名称は結局、軍隊的ながらも旧軍と一緒ではない、折衷案に落ち着いた。

陸自でいえば、陸将、陸将補、一等陸佐、二等陸佐、三等陸佐、一等陸尉、二等陸尉、三等陸尉が士官相当、一等陸曹、二等陸曹、三等陸曹が下士官相当、陸士長、一等陸士、二等陸士、三等陸士が兵相当（自衛隊設置当初）。この「陸」の部分を「海」にすれば海自になり、「空」にすれば空自となる。

自衛隊の発足に際しては、任用制限の問題も見逃せない。第一章で述べたように、保安庁法では、制服組が内局の課長以上に任用されない決まりがあった。それは日本風のシビリアン・コントロール、すなわち「文官統制」の具現化だった。

もっとも、この規定を屈辱的と捉える旧軍人も少なくなかった。そこで、その意を受けた第一幕僚長の林敬三がここぞとばかりに乗り込んできた。「これは『制服』を差別するものである。だから、これは絶対削って欲しい」のだと。海原は問うた。
「林幕僚長は、この条文というものを変え、制服自衛官を内局の課長以上に任命しろとおっしゃるのですか」
「そうじゃない。実態はこれでいい。ただ、こういう条文があるのがいけない。『制服』にとっては、これは差別です。目障りなんです」(『海原治オーラルヒストリー』上巻)
内務官僚出身でありながら、現場部隊のモラールにも気を払う、林らしいバランス感覚だった。こちらは林の意見が通った。といっても、すでに述べたように、廃止されたのは名目上だけで、任用制限は今日にいたるまで、暗黙のルールとして守られている。

「陸原」で「海空治まらず」

いうまでもなく、海原は防衛政策の策定にも深く関わっている。
一九五七年五月、第一次岸信介内閣のときに「国防の基本方針」が国防会議および閣議で決定された。この方針は、二〇一三年一二月に「国家安全保障戦略」に置き換えられるまで、日本におけるもっとも重要な安全保障にかんする文書のひとつだった。
短いので、そのまま引用しよう。

国防の目的は、直接及び間接の侵略を未然に防止し、万一侵略が行われるときはこれを排除し、もって民主主義を基調とする我が国の独立と平和を守ることにある。この目的を達成するための基本方針を次のとおり定める。
（1）国際連合の活動を支持し、国際間の協調をはかり、世界平和の実現を期する。
（2）民生を安定し、愛国心を高揚し、国家の安全を保障するに必要な基盤を確立する。
（3）国力国情に応じ自衛のため必要な限度において、効率的な防衛力を漸進的に整備する。
（4）外部からの侵略に対しては、将来国際連合が有効にこれを阻止する機能を果たし得るに至るまでは、米国との安全保障体制を基調としてこれに対処する。

同年、この方針にもとづいて最初の長期防衛力整備計画（一九五八〜一九六〇年度、一次防）が決定された。以降、二次防、三次防、四次防（第○次防衛力整備計画）と五カ年単位で計画が決定され、一九七六年度までつづくことになる。

そしてこの「国防の基本方針」原案を起草したのが、ほかならぬ海原だった。それだけではない。海原は、保安庁時代から長期防衛力整備計画に関わり、防衛庁になってからも、防衛局第一課長として一次防に、防衛局長として二次防に、官房長として三次防に、そして国防会議事務局長として四次防に、それぞれ関与しているのである。こんな官僚はあとにもさきにも存在しない。

そんな海原は、しばしば「陸原」と陰口を叩かれた。その防衛思想が、海自と空自に冷たく、陸自に手厚いとされたからだった。前出の秦郁彦は、その思想を「自衛隊オモチャ論」としてこう要約している。「自衛隊はどうせ実戦の役に立たぬのだから、同じことならカネのかかる海空より安あがりの陸に重点を置くべきだ」（『官僚の研究』）。

海原は「オモチャ」という言葉は使っていないと弁解しているけれども、二次防の策定にあたって、海自の悲願であり、当時の赤城宗徳防衛庁長官も積極的に推進したヘリ空母の導入計画（いわゆる「赤城構想」）を潰したことはあまりに有名である。

「一九五九年七月に『赤城構想』というのがあった。［中略］これを私は防衛局長で全部壊したんです。仮にも大臣が随行記者団に、今後の四年〜五年計画はこうするんだということを発表した。その計画を全部ご破算にしたんですからね。それは防衛局長の私ができたんです。［中略］

一番大きな点は、一つだけ言いますと、『赤城構想』では、相当大きな武力進撃に対して三ヵ月は戦うようなことを考えていました。そういう前提で書いた。私は笑ったわけですよ。誰だ、相手は。ソ連だろう。ソ連相手に三ヵ月戦うというのはどういうことだと。何故三ヵ月が出たかというと、弾薬のところに、『戦時所要三ヵ月分の弾薬を備蓄する』と書いてあるんです。そんなことは不可能だと」（『海原治オーラルヒストリー』上巻）

　強大なソ連軍相手に制海権や制空権は取れようもない。それならせめて、陸上戦力を整えて、上陸してきたソ連軍を迎え撃つぐらいしかない――。こんな調子だから、「あれは海原ではない、陸原だ」といわれただけではなく、下の名前からも「海空治まらず」との声もあがった。「デストロイヤー」「暴力一課の親分」。強引さやその破壊力から、そんなあだ名さえ囁かれた。

　ややさきのことになるが、「陸原」の評判はついに政界にまで轟いた。国防会議事務局長に就任してのちのこと。佐藤栄作内閣の保利茂官房長官が、こう海原に語りかけた。

「時に、佐藤総理が言っておったけれど、君は海・空には冷淡だそうだね」

　海原は笑いながらも、はっきりといつものように反駁した。

「官房長官、あなたも誰からそんなことを聞いたんですか。それは六本木［当時、防衛庁は六本木にあった］では有名な話で、あいつは陸原だ、『海空治まらず』だとなった。しかしそれは、いろいろ言っただけで、私の言うことが間違っておったら、私は考え直しますよと、ちゃんと前に言ってあるんだ。しかし彼らは、自分たちがやろうとしたことを、ことごとに、と言うと語弊があるけれど、私が潰してきたと思っているかもしれない。それはそんなことはありません。私は決して海・空に冷淡だと思っていない」

では、陸自は「陸原」を歓迎したのだろうか。いや、そうではなかった。あるとき、海原が陸自の制服組幹部に、

「私は『海』には評判が悪い。しかし陸原だと言われるから、もって瞑すべしと思う」

と話すと、「とんでもない」という正直な答えが返ってきた。海原が落胆するわけもなく、「そうか」と受け止めた。そして、そういわれるのならば、それで貫き通そうと決心した。

「俺は『陸海空治まらず』かと。しかしそういう人間がおってもいいだろう」（前掲書）

「海原天皇」の全盛期

なぜ海原はここまで自衛隊に強くあたったのか。もちろん、戦時下の屈辱もあっただろう。「あの人は自衛隊が嫌いなんです。制服に対する不信感、防衛庁に対する不信感が牢乎としてあるんですよ。よっぽど陸軍のときに殴られたんじゃないかな」とは、後輩官僚の推測である（『夏目晴雄オーラルヒストリー』）。

それに加えて、性格もとにかくキツかった。「海原さんというのは非常に、能力でまず

人を判断するのと、好き嫌いで判断する、それがごっちゃになっていますからね。嫌いでも能力のある人を引き立ててくれればいいのだけれども、嫌いだとにかくだめでしょう。好きで、かつ能力がなければだめなんだから、難しいですよね」（前掲書）

そんな調子だから、海原が忌み嫌われたのも無理はなかった。一九六六年二月上旬には、「海原天皇」と書かれた怪文書まで飛び交った。

「海原天皇というのをご存知ですか。防衛庁官房長海原治がその人物ですが、この海原天皇が、陸海空自衛隊二十四万人をようする防衛庁を私物化し、三菱グループと結託して、不正のかぎりをつくしているのです……」（「一内務官僚の昭和史」）

もっとも、こんなもので怯む海原ではなかった。むしろ、その豪腕ぶりはますます磨きがかかった。一九六七年前半、三次防を策定する過程で、内局と制服組の綱引きが激化すると、海原は会議で荒れ狂った。

「航空幕僚長、インタラビア誌（航空専門誌）の最近号に出た記事を読んでいるか」

「読んでおりません」

「それも読まずに幕僚長が務まるのか」

「…………」

「では防衛局長、君は読んでいるだろうね」

「読んでいません」

「幕僚長も防衛局長もどっちもどっちだ。話にならん」

「…………」（一同）

「ぼくは三次防には責任を負わぬから、念を押しておきます」

こんな調子で海原は議事を支配した。会議に臨席した秦郁彦によれば、海原はトイレに行くふりをして自室に戻り、よく整理されたファイルから攻撃材料を仕入れてきて、反撃してくることもあったという。

ただ、それがわかっていても、「海原天皇」に楯突くのは容易ではなかった。「では当方も、と『インタラビア』で来たら『エビエーション・ウイーク』で切り返そうと準備していたが、いざとなると誰も持ち出せない。気合い負けしてしまうのである」（『官僚の研究』）。

海原がこのように振る舞えたのも、防衛庁長官のリーダーシップが欠けたことが大きかった。このころ、長官は半年ほどでつぎつぎに入れ替わり、右も左もわからぬ素人ばかりだった。防衛を知り尽くす海原は国会答弁でも頼りにされ、その分、権勢を振るったのである。

まさに「海原天皇」の全盛期。このように政治力も兼ね備えた海原は、事務次官のポストも確実のように思われた。

官途を去り、軍事評論家へ

ところが、一九六七年七月の人事異動は、意外なものだった。「国防会議事務局長に行ってくれ」。

国防会議は、現在の国家安全保障会議にあたる。その事務局長は要職だが、誰から見ても、体の良い追い出しだった。どんな豪腕官僚も人事異動には逆らえない。海原はやむなく防衛庁を去り、一九七二年一二月には同職も退いて、ついに官途を去った。五五歳のことだった。

もとより、閑職でおとなしくしている海原ではない。「自主国防」を訴えていた防衛庁長官の中曽根康弘と、四次防（当時は新防衛力整備計画と呼ばれた）の策定などをめぐって衝突。怒った中曽根が国会で、「国防会議事務局長はお茶くみにすぎない」と口をすべらせるひとコマもあった。

そしてその去り際も、じつに海原らしかった。一九七二年六月、長期にわたった佐藤栄作内閣が退くにあたり、竹下登官房長官より「貴君も後進に道を譲ってほしい」といわれたものの、それを突っぱねたのである。

「長官。私は、佐藤さんの家来ではありません。総理がお辞めになるからといって、国防会議の事務局長が一緒に辞めなければならないとは思いません……」

そして自分が辞めれば四次防がまとまらないと述べたあとで、「かりに佐藤総理から直接言われても、私は同じ答えしかいたしません」とダメ押しをした。竹下は黙るしかなかった。海原はそれを見て、「大変失礼ではありますが、帰らしていただきます」と辞去した。

「天皇」はやはり「天皇」だった。結局、退官はその年の一二月となった。海原は、新たに首相に就任していた田中角栄から進路を問われてこう答えた。

「評論家になろうかと思います。現在の防衛論は、抽象的な観念論ばかりですから、現実的、具体的な論議をしてみたいと思います」(「一内務官僚の昭和史」)

その言に違わず、海原は軍事評論家として旺盛に活躍し、『私の国防白書』(時事通信社、一九七五年)、『誰が日本を守るのか!』(ビジネス社、一九八〇年)、『日本防衛体制の内幕』(時事通信社、一九七七年)、『日本人的「善意」が世界中で目の敵にされている!!』(講談社、一九八七年)など、かずかずの著作を残し、持論を唱えつづけた。軍事知識に自信があり、独自の防衛哲学を持ち、自己主張も強かった、彼ならではの「第二の人生」だったといえよう。亡くなったのは、二〇〇六年一〇月二一日。海原は、八九歳になっていた。

海原はたしかに「暴君型の官僚」だった。ただ、初期の防衛行政はこのような人物でなければ務まらなかった。捲土重来を期する旧軍出身者。それをなんとか押さえつけようとする旧内務官僚。そして数次にわたる防衛力整備計画と膨張する予算。これらをいささか強引ながらもコントロールしたのは、海原の手腕だった。やはり時代が傲岸不遜な「天皇」を求めたのである。

もっとも、やがて厄介な旧軍関係者が減り、若い防衛官僚が育ってくると、その存在も邪魔になった。狡兎死して走狗烹らる。その故事は海原にも当てはまったのだった。

第六章　防衛力整備に主体性を――理論家・久保卓也と「防衛計画の大綱」

仮想敵国の戦力に対応して、自国の戦力を整備する。たとえば、相手が戦闘機を一〇〇〇機配備すれば、こちらも同じだけ配備するというように。このような脅威対抗型の考えを所要防衛力論という。

日本では戦後長らく、ソ連の極東戦力を目安にして、防衛力を整備してきた。前章で触れた一次防から四次防がそれである。一見合理的に思えるが、これは、ソ連の動きに応じて際限なく防衛力を増強せざるをえない、つまり軍拡競争に巻き込まれざるをえないという問題点を抱えていた。それでも高度経済成長で防衛予算が潤沢に確保できているうちはよかったけれども、四次防（一九七二～一九七六年度）のときにいよいよ限界に直面した。

その大きな原因に、オイルショックとインフレ下でのベースアップがあった。これで燃料費や人件費が上昇し、予定されていた防衛力整備が頓挫。そこに一九七〇年代のデタントも重なった。米ソ両大国が核軍縮などで歩み寄り、ニクソン大統領とブレジネフ書記長がそれぞれの国を親善訪問するほど親密になったことで、一時的に冷戦の緊張が和らぎ、そもそもそんなに防衛力が必要なのかという疑問が国民のあいだに澎湃（ほうはい）と沸き起こってきたのだ。

こうした経緯により、脅威対抗型ではない、リーズナブルな、防衛力整備のための新しい思想が求められるようになったのである。やがてそれは、一九七六年に閣議決定された「防衛計画の大綱」(防衛大綱)を策定するなかで、基盤的防衛力構想となって姿をあらわすことになる。

戦時中は軍令部で米州情報の分析

「防衛力というのは単にモノをつくればいいというものではないだろう。何か哲学なり、戦略構想なりがあって、日本のおかれた立場としてこういう防衛力が必要なんだという議論がまず先になければおかしいじゃないか。日本として何が必要かということをもっとまともに議論すべきじゃないか」(『夏目晴雄オーラルヒストリー』)
脅威対抗型の防衛力整備に、かねてこのように不満を唱えた防衛官僚がいた。防衛庁切っての理論家といわれ、「ミスター防衛庁」とあだ名された、久保卓也である。
久保は、一九二一年一二月三一日、兵庫県武庫郡西灘村(現・神戸市)に生まれた。幼少より秀才の誉れ高く、同市の灘中学校に進み、四年間ずっと首席を通し、勉強熱心なあまり「トイレのなかで英語の単語を勉強したとか、覚えた単語の辞書の頁をたべてしまった」などの伝説を残した（赤星亮一「灘中学校と久保兄」『久保卓也』収載）。

その後、京都の第三高等学校、東京帝大法学部を経て、一九四三年九月、内務省に入った。したがって久保は、増原恵吉（一九二八年入省）、林敬三（一九二九年入省）、海原治（一九三九年入省）らの後輩ということになる。

もっとも、すでに太平洋戦争の戦局が著しく悪化し、学徒出陣が叫ばれていた当時、久保も役所

久保卓也

の椅子を温めている暇はなかった。幸運にも海軍の短期現役士官制度に受かっていた彼は、ただちに海軍主計見習士官となり、陸軍に二等兵で取られることなく、一九四四年三月、主計中尉で軍令部第三部第五課に配属された。

軍令部は、海軍の作戦や用兵を担う中央統帥機関であり、海軍省とともに霞が関にあった。久保は、遠隔地に送られることも多かった主計士官のなかでも、とりわけ恵まれていた。

しかも第五課は、米州情報を収集・分析する部署。その後、空爆を避けて横浜市の慶應

日吉キャンパスに軍令部ごと移転するも、「課内のムードは極めてリベラル」であった。「発言自由で学究的でもあった。私達が部員や上司から呼ばれるのもすべて君づけであった。機嫌の悪いときと叱られるときに限り位階官職がつけられた」（大津済「久保君と海軍」『久保卓也』収載）。

久保はここで、米国内における航空関係の情勢を収集・分析する任務を与えられた。情報といっても、当時は米国の短波ラジオを聞くぐらいしかない。だが久保はそこから、戦闘用航空機の生産カーブが下り坂になっていることを発見し、これは米国が日本の敗戦を見越して、航空機の生産を民需用に切り替えていると分析してみせた。

第五課に所属した情報参謀、実松譲はそうした予備士官の様子をこう振り返っている。「かれらの精根をかたむけた真剣な態度のなかに、筆者は無言の尊敬と訓誡（くんかい）を見出さずにはいられなかった。全世界にまたがる米軍の作戦地域における一艦一艇の動き、飛行機一機の行動でももらすまじ――と懸命の努力をつづけるのであった。［中略］勤務時間がおわると、一同そろって夕食をとる。そして総員が集まってブリーフィング（いまの言葉でいえば）を行なう。課員は必要な指示をあたえるとともに、その後の作業のやり方について教示する。作業はなおもつづけられる。やがて九時ごろになると、夜食が一同に配給される。夜食をほうばり（ママ）ながら、その日の作業をまとめる。家路につくときには、いつも十時をまわっていた」（実松譲『日米情報戦記』）。

このような環境は、久保のその後に大きな影響を及ぼした。戦地でこき使われ、屈辱に泣いた内務官僚たちと違い、久保は終戦まで海軍の中枢にいて、それなりに尊重されながら、軍人の思考法などを学ぶことができたからである。それは、防衛政策を検討するうえでも自由で高度な思考を可能とした。

ポシビリティーとプロバビリティー

久保は戦後、内務省に復帰し、その解体後は国家地方警察に身をおいた。久保の経歴でユニークなのは、防衛庁（保安庁）と警察を行き来したことである。

一度目は三〇歳で、保安庁部員（保安局保安課）として。二度目は三八歳で、防衛庁教育局教育課長として。そして三度目は四八歳で、防衛局長として。そしてこの三度目の時期に、防衛施設庁長官を経て、防衛事務次官に就任した。なお二度目と三度目のあいだには、国防会議事務局参事官にもついている。

ほかの官僚であれば、目の前の仕事で手一杯だったかもしれない。ただ、根っからの理論好きだった久保は、すでに最初の保安庁部員時代から「〝国防の基本理念〟を考えなければならない」と口癖のように語っていた（内海倫「〝生命を懸けた〟久保理論」『久保卓也』

収載)。そしてその言にたがわず、みずからの防衛思想を練り上げていった。

ちなみに部員とは、保安庁(防衛庁も)内局独自の官名であり、課長補佐級の基幹職員をいう。もともとは、旧陸軍参謀本部のメンバーにたいする呼称だったが、権威づけのため、あえて同じものが用いられた。俗に「背広の参謀」とも呼ばれる。久保はこの部員の時代、保安庁に設置された制度調査委員会の事務局に加わり、長期的な防衛力整備の検討にあたった。長期計画には、その背骨を支える理念が欠かせない。久保が古くより「国防の基本理念」に関心をもったのも自然な流れだった。

そして一九七〇年四月、防衛局長となった久保は、米ソの緊張緩和などを受けて、複数の匿名論文(KB個人論文)を矢継ぎ早に防衛庁内で配布、「久保理論」の普及に努めた。その先駆である「防衛力整備の考え方」(一九七一年二月)の要点はつぎのとおりだった。
(1)世界情勢にかんがみれば、日本が備えるべきは限定戦争だ。「大規模な戦争はまず起こるまい」。(2)したがって日本は、侵略にたいして「当初1~2ヵ月」対抗できる戦力を整備すればよい。そのあとは、米軍や国連が介入して沈静化するだろう。(3)ただしその戦力は、もしものときに「拡充」することになるから、「その場合に備えて基盤ないし骨幹となる」ものでなければならない。
久保は、ポシビリティー(可能性)とプロバビリティー(蓋然性)の区別にこだわったが、以上もこれで説明できる。ようするに、ポシビリティーの考えでは「起きるか／起きないか」の二者択一なので、きわめてまれなケースにも（起きる可能性がある以上）備えなければならなくなるが、プロバビリティーの考えだと「何％の確立で起きるか」なので、起きる蓋然性が高いケースに優先的に備えればよいとなる。もちろん、万が一のための拡張性は担保しておく（いわゆるエクスパンション理論）。

田中角栄首相が、防衛力の限界を設定せよと指示したのは一九七二年一〇月のこと。久保の理論は、防衛費の際限ない増大を抑えるという点でも現実的なものだった。

このような久保の考えは、「ポスト四次防」が見据えられるなかでいよいよ練り上げられていった。「従来の防衛力整備計画」においては、防衛力の数量的なものが先行し勝ちになり、現実的かつ具体的な防衛構想との関連が不明瞭であった嫌いがある。本来、我が国の安全保障政策があり、防衛構想があり、それを受けて防衛力の規模、内容が論ぜられねばならない」（「我が国の防衛構想と防衛力整備の考え方」、一九七四年六月）。

長期防衛力整備計画はしばしば「買い物計画」とやゆされたが、久保は根本となる理論を欠き、なし崩し的に防衛力が整備されることをなによりも嫌った。

「小粒でもピリリと辛い防衛体制」

ときあたかも、一九七四年一二月、三木武夫内閣が成立した。新たに防衛庁長官に就任した坂田道太は、文教族でありながら、防衛計画の見直しに熱心だった。就任後、長官の私的諮問機関「防衛を考える会」を設置。さらに、中曽根長官時代に一回限りで終わっていた『防衛白書』の刊行も、毎年行うことにした。

そしてその間の一九七五年七月、久保が事務次官に就任。この体制のもとで、ついに防衛力整備が従来の五カ年計画から単年度方式に切り替えられるとともに、防衛力整備が年度ごとに迷走しないように、安全保障の長期的な指針が新たに定められることになったのである。それが防衛大綱だった。

久保は防衛大綱の完成を見届けるように、一九七六年七月、事務次官を退いた。直後の一〇月に国防会議と閣議で決定された防衛大綱は、久保理論と明らかに共鳴する部分があった。さきほどと同じく、三点にまとめるとつぎのようになる。

（1）「東西間の全面的軍事衝突又はこれを引き起こすおそれのある大規模な武力紛争が生起する可能性は少ない」。（2）「限定的かつ小規模な侵略」は、原則として独力で排除し、それが困難な場合も「あらゆる方法による強じんな抵抗を継続し、米国からの協力をまってこれを排除することとする」。（3）日本の防衛力は、「情勢に重要な変化が生じ、新たな防衛力の態勢が必要とされるに至ったときには、円滑にこれに移行し得るよう配意された基盤的なものとする」。

平時に必要最低限の防衛力を整備しておき、万が一の事態にはこれを基盤に防衛力を拡張する。このような防衛思想は、一九七六年の『防衛白書』や、防衛庁の広報誌『防衛アンテナ』一九七六年一一月号で「基盤的防衛力（の構想）」と大きく発表され、「他律的な」脅威対抗型の所要防衛力と対置されたことで、その「主体的な」性格を決定づけられることになった。

「［基盤的防衛力構成とは、］脅威対抗の考え方から脱却し、防衛力の規模を主体的に導き出し、万一の事態に際してはこの防衛力を中核として、小粒でもピリリと辛い防衛体制を構成しようとする考え方です」（防衛局防衛課「『防衛計画の大綱』について」）

同年一一月、いわゆる「防衛費GNP1％枠」が定められたのは、これと無関係ではない。この一％枠は、「各年度の防衛関係費の総額が当該年度の国民総生産の百分の一に相当する額を超えないことをめどとして」防衛力の整備を行うという政府の方針だが、低成長・緊張緩和の時代に防衛体制を「小粒」にとどめるための枠組みとして、防衛大綱と一体をなすものだった。

このように一九七〇年代なかば、すでに経済大国となっていた日本はこれまでとまったく異なった防衛思想を掲げるにいたった。基盤的防衛力構想が改められるのは、二〇一〇年を待たなければならない。そんな息の長い防衛思想の立役者こそ、「ミスター防衛庁」こと久保にほかならなかったのである。

旗振り役としての功績は減ぜず

――このように、久保理論と基盤的防衛力構想は長らく直結して説明されてきた。いわば、石原莞爾のごとき天才軍略家が、これまでにない防衛思想を示し、定着させたのだと。もっとも、この神話には少しまえより疑問符がつけられている。基盤的防衛力構想という考え方も、この「基盤」云々ということば自体も、じつは久保がオリジナルではないというのだ。どういうことか。

防衛課の先任部員として、防衛大綱の作成に携わった宝珠山昇はこう証言する。

「『基盤的防衛力構想』などという言葉が出てくる以前に、実質は四次防の作業の中でも出ておりますし、西廣整輝氏の講演の中でも出てきているということがございます」「基盤という言い方をしたのは［久保と］どっちが先かというと、私は文学者の西廣さんじゃないかと思っているんですがねえ」（『宝珠山昇オーラルヒストリー』上巻）

宝珠山は、防衛庁初の私大（早大政経）卒キャリア採用者のひとりで、防衛施設庁長官まで出世するものの、一九九五年、沖縄の米軍基地をめぐる村山富市（むらやまとみいち）首相の対応についてだった（次章参照）。

「頭が悪いからこうなる」とオフレコで放言して罷免されたというエピソードの持ち主だが、ここではおく。いっぽう、発言中に出てくる西廣整輝は、防衛大綱決定時の防衛課長だった（次章参照）。

ようするに、最近の研究を踏まえながら筆者なりにまとめると、かれらの不満はこうだった。

久保は、これまでの防衛論との違いを強調するあまり、みずからの理論を脱脅威論と位置づけた。それが、制服組からの強い反発を招いた。実力組織たるもの、脅威に備えなくてどうするのかと。その間で調整に奔走させられたのが、実務担当者の西廣や宝珠山たちだった。結果的にできあがった防衛大綱は、基盤云々とうたってはいるものの、かならずしも脱脅威論ではなかった。

ところが、久保が退官直前、いわば次官権限で、脱脅威論の観点から『防衛白書』で基盤的防衛力構想を解説し、その後も同じようにメディア上で盛んに発信したので、久保理論＝脱脅威論＝基盤的防衛力構想というイメージが固まってしまった（佐道明広『自衛隊史論』、真田尚剛『「大国」日本の防衛政策』などを参照）。

たしかに、久保は理論家のかたわらで、かたくなところもあった。「久保さんは自分の考えを持っていて、人の意見を素直に聞くタイプではありませんでしたから、久保さんを説得するにはずいぶんと骨が折れました」（中村悌次『生涯海軍士官』）。同じような回想は少なくない。頭が切れすぎるあまり、国会のやり取りで「おそらく先生はこの次にこういうことをご質問になるでしょうから……」などと先回りして述べて、質問に立った政治家を激怒させることもあった（『オーラルヒストリー伊藤圭一』上巻）。

また、そもそもの問題として、基盤的防衛力構想がどこまで維持されたかという疑問もある。一九七九年、ソ連のアフガン侵攻を機に、米ソの緊張がふたたび高まると、デタントを背景にした抑制的な防衛力整備はしばしば批判の対象となった。

一九八二年、軍事と外交に一家言ある昭和天皇が、「GNPの何パーセントといふやうな数字の上の問題にとらはれず、防衛を高めることによつてソ連を刺激するバカらしさといふ高いところからの意見を述べる政治家がゐない」と入江相政侍従長に愚痴っていたことはよく知られている（『入江相政日記』）。

結局、一九八五年には、内部向けの中期業務見積り（中業）を格上げするかたちで、五カ年計画が復活（中期防衛力整備計画。中期防）。さらに一九八七年には、GNP1％枠も閣議決定で撤廃された。いずれも中曽根内閣時代のことだった。

つまり基盤的防衛力構想は、事実上、骨抜きにされてしまったのだ。それでも名称だけ残ったのは、西廣や夏目らによって、複雑な読み方ができるものになっていたからだろう。

もっとも、これは久保の先見性を否定するものではない。久保は一九八〇年一二月七日、国防会議事務局長を辞めた二年後、五八歳の若さで亡くなったこともあり、証言があまり残っていないうらみもある。

では、そのたしかな功績はなんだろうか。それはやはり、理論家としての立ち振る舞いに求められる。

理論家とは、世のなかの変化を摑まえ、問題の枠組みを整理し、わかりやすい大きな図式を示して、ひとびとに議題を投げかける存在である。後進が細やかな議論をできるのも、はじめに誰かが「AはBだ」とたたき台を作ってくれたからであって、たとえそれがのちに修正されようとも、最初に旗を振ったものの価値はいささかも減じない。

意外にも久保は酒乱で、朝から酒の匂いを漂わせ、夜中は電柱につかまっているほどだった。これが死期を早めた理由だろうが、そんなとき、「円い卵も切り様で四角」と踊りながら歌ったという。コロンブスの卵の故事を思わずにはおれない。「防衛力整備には防衛思想なかるべからず」と、当然ながら誰も言わなかったことを、早くより一貫して唱えた久保にふさわしい文句ではないか。

基盤的防衛力は、防衛大綱の見直しにともない、民主党政権下の二〇一〇年に動的防衛力におきかえられ、第二次安倍政権下の二〇一三年に統合機動防衛力、ついで二〇一八年に多次元統合防衛力におきかえられた。かかるネーミングも、かつて一九七六年に象徴的に打ち出された基盤的防衛力の鮮烈なイメージと無縁ではあるまい。久保の問題提起はいまも効力を失っていないのだ。

第七章　生え抜きは文学者？――「眠狂四郎」夏目晴雄と「プリンス」西廣整輝

防衛庁は長らく「植民地」だった。設立時の経緯から、事務次官は長らく旧内務省出身者ばかり。一九七〇年代より、防衛予算の増加にともなって大蔵省の出身者が目立つようになるけれども、それでも外様によって掌握されているという事実に変わりはなかった。

そこに風穴が開くのは、一九八八年を待たなければならない。防衛庁生え抜きの西廣整輝がようやく事務次官に就任するのである。昭和も末期のことであった。西廣は若いころより将来を嘱望され、「防衛庁のプリンス」と呼ばれていた。

そのいっぽうで、最初の生え抜き次官に、一九八三年就任の夏目晴雄をあげる向きもある。その出身母体である特別調達庁は、占領軍の求めに応じて建物・土地・労役・物品などを調達するため一九四七年に設置された公法人であり（のち総理府の外局）、サンフランシスコ講和条約発効後は、調達庁を経て、防衛施設庁に統合された。その点、防衛庁との関係は他省庁より深かった。

そして夏目もまた、三〇代前半で防衛庁に移籍し、防衛課長、官房総務課長、官房長、防衛局長など要職を歴任したため、早くよりメディア上で「生え抜き組のホープ」や「玄(くろ)

人局長」などと呼ばれ、期待されてきた。

ただ、ここでどちらが本当の生え抜きかなどという不毛な議論をするつもりはない。むしろ注目したいのは、西廣も夏目も官僚の頂点たる次官にのぼりつめたにもかかわらず、飄々とした「文学者」の側面をもっていたということだ。これは、防衛庁がしばしば三流官庁視されていたがため、一風変わった人材を集めやすかったことと無縁ではない。

特別調達庁を紹介され「役人かよ」

まず、夏目晴雄よりみてみよう。

夏目は、一九二七年七月一〇日、長野市に卸問屋の四男として生まれた。本書の主要登場人物としては初の昭和生まれである。そのため、増原恵吉や海原治、久保卓也などと違って従軍経験がなく、終戦時は旧制松本高校の学生であった。

その名字からしばしば漱石との関係を問われたが、直接のつながりはないらしい。ただし夏目は、ボードレール、ヴェルレーヌ、ランボーなどに耽溺する文学青年ではあった。おまけに、あくせく努力するタイプではなかった。いや、少なくともそういう姿をひとに見せない美学の持ち主であった。

それもあって、夏目は東北大学法文学部に進んだ。終戦後、復員した旧軍将校の参戦により大学受験が難化していたが、あえて東大や京大を避けることで、熾烈な競争をできるだけ回避しようとの意図だった。

そんな調子だから、面接で「なんで松本からこんなところへ来るんだ」と訊かれても、答えは振るっていた。いわく、「いやあ、私は勉強していないものだから、ここならなんとか入れると思ったけど、聞くと［倍率が］二倍あるというから、半分は落ちると聞いて私は自信をなくしている」。

夏目晴雄

一応、法科に進んだものの、できるだけ法律系の科目を避け、外交政治史や新聞学、社会学原論などを取って卒業したと豪語する夏目に、官僚への強い志望があるはずもなく、卒業後は公務員試験も受けず、実家でブラブラしていた。
それを見かねて就職を斡旋してくれたのが、おじの夏目忠雄だった。このおじは、東京帝大を出て、戦前は満洲国で役人をしていた（のち、長野市長、参院議員）。
「文藝春秋とかせいぜいそのくらいで妥協したいな」
文学青年の夏目はそんな期待をしていたが、「どこでもいいか」と打診されたのは、ほかならぬ特別調達庁だった。

「役人かよ」

ひとり悪態をついたが、ほかに行くあてもなく、夏目は結局役人で落ち着くことになった。一九五一年、二〇代なかばのことだった。

はじめはアルバイトの雑用だった。いかに旧帝大を出ていても、公務員の世界は試験の合否がすべて。このままでは「鼻くそ」みたいに扱われて面白くないと思った夏目は、働きながら国家公務員の六級職試験に合格、晴れてキャリア官僚の仲間入りを果たした。

「あんなものばかでもできますよね。あれで落ちるやつの気が知れないね」

後年、そのときのことを夏目は冗談めかしてこう振り返っている（『夏目晴雄オーラルヒストリー』）。

マルクスを引用して問題に

ところで、特別調達庁とはどんな組織だったのか。

その前身は、一九四五年八月に設けられた終戦連絡事務局にさかのぼる。それがGHQの意向により、一九四七年九月、公法人の特別調達庁（その後、総理府の外局）となり、サンフランシスコ講和条約の発効を受けて、一九五二年四月、調達庁となった。このあたりは、すでに述べたとおりだ。

調達庁は、一九五八年八月、防衛庁の外局に移管され、一九六二年一一月、防衛庁建設本部と統合され、防衛施設庁となった。そして同庁は、二〇〇六年に発覚した幹部の談合事件を受けて翌年九月に廃止された。

これをみてもわかるとおり、特別調達庁は、一九五〇年八月に設置された警察予備隊よりも歴史が古い。そのため、同庁の職員は「土民軍」を自称し、現場の業務に関わっていることを誇りとして、防衛庁と一緒にされることをかならずしも潔しとしなかった。

職員も寄せ集めで変わったひとが多かったと夏目は回想しているが、それは彼自身にも当てはまった。あるとき、文章を書く仕事が回ってきた。元文学青年として腕が鳴ったのか、夏目はそこでなんとマルクスの言葉を引用しようとした。いかに戦後とはいえ、役所でマルクスの言葉とは穏やかではない。そこで、「ドイチェ・イデオロギーの著者がいうように」とごまかしたところ、みごと事前チェックをパス。よしよしと思っていたところ、印刷後に「これはなんだ。マルクス・エンゲルスじゃないか」と発覚して、問題になってしまった（前掲書）。

いったい何の仕事をしていたのかと思うが、実際は、不動産の管理や契約などだったというから、呆気（あっけ）にとられる。ちなみに、法律の勉強をサボっていたため、そちらの詳細はよくわからず、後輩に任せていたというおまけ付きだった。

防衛庁で名物上司にめぐりあう

そんな、お世辞にもやる気があったとは言いがたかった夏目に転機が訪れたのは、一九六〇年一〇月、三三歳で「防衛庁に出向せよ」と命令が下ったときだった。人材交流を兼ねた、官僚の一時的な出向は珍しくないが、夏目の場合、それが恒久的な移籍につながった。

夏目はそこで、三人の印象的な名物上司にめぐりあい、決定的な影響を受ける。彼はそれぞれ「知・情・意」という言葉で特徴づけている。

まず、「知」は久保卓也。最初に配属された人事教育局教育課の課長で、防衛庁切っての理論家だから、これは納得がいく。

つぎに、「情」は有吉久雄。彼も教育課長だが、前任者の久保とちがって豪放磊落にして気宇壮大。細かいことに介入せず、万事部下に任せたが、ツボだけはしっかり押さえる親分タイプだった。

そして最後に「意」は海原治。夏目は一九六三年四月、防衛局第一課長に転じた久保の引き合いで同課に異動したが、そのとき防衛局長として君臨していたのが、あの「海原天皇」だった。千万人といえどもわれ往かんという意志の持ち主だったから、これも的を射た分析である。

当時、防衛庁や自衛隊にたいして世間の目はまだまだ冷たかった。それでもこの三人は、性格や考え方は違えど、安全保障や防衛問題に熱心に取り組んでいた。夏目はこれに「こんな役人もいるのか」と新鮮な刺激を受け、「俺もあとをついていこう」と大いに感化された。やや遅いけれども、まさに「三〇にして立つ」。夏目の人生は三〇代で大きく変わった。

もちろん、馬力のある上司との仕事は苦労の連続だった。とくに傲岸不遜な海原のもとではそうだった。

一九六八年八月、国防会議事務局参事官として、事務局長に「左遷」された海原に仕えたときのこと。夏目は胃潰瘍で胃を手術したが、たまたま見舞いに来た女子職員に「これはストレスだ。あの人がいるから俺は毎日毎日胃がきりきり痛んでなったんだ」と冗談を言った。すると、聞きつけた海原が、「俺がおまえの胃を切った元凶だそうだな」とわざわざ飛んできた。怒るのかと思いきや、「俺の威力もまだまだあるようだ」とご満悦だったというから、やはりただものではなかった（前掲書）。

次官室を「夏目バー」に

これまでのエピソードからもわかるように、夏目はどこか浮世離れしていて、海千山千の官僚や政治家と付き合うのがうまかった。それに加えて、人間味やユーモアも、夏目を語るうえで外せない要素だった。

夏目の経歴をたどると、よくこれを乗り切ったなと思わされる事件ばかり並んでいて驚かされる。

官房総務課長ではロッキード事件、官房長では宮永スパイ事件（元陸将補が後輩たちより得た秘密情報を、ソ連大使館付武官に渡していた事件）、そして事務次官では大韓航空機撃墜事件という具合だ。直接の担当ではないものの、防衛審議官時代にはベレンコ中尉亡命事件にも多少関わっている。そんななかでも、夏目はよくも悪くも遊び心を忘れなかった。

ベレンコ中尉亡命事件を例に取ってみよう。これは、一九七六年九月、ソ連の飛行士ベレンコ中尉がミグ25型戦闘機で函館空港に強行着陸し、米国への亡命を求めた事件だ。日ソ間の激しい応酬の末、ベレンコ中尉は米国に亡命し、ミグ25は解体分析されたのちソ連に返還されることで決着したが、この事件について、夏目は『防衛白書』に原稿を書くことになった。

そこでまた元文学青年の悪い癖が出た。夏目は、愛読したきだみのるの『気違い部落周游紀行』の文体を模して、「タイゴノス号［ミグ25を引き取ったソ連船］は薄い煙を吐きながら日立港を出て行った」とわざわざ文学的に記述したのである。当然のごとく、「こんなの見たことない」と庁内で問題になり、たちまち役所的な文体に直されてしまった。

五〇手前の幹部がよくやったものだと思わされる。ただ、夏目はそれが許される人柄だった。なにせ、事務次官のときはその部屋が飲み部屋――ひと呼んで「夏目バー」――になっていたというのだから。発案者は、栗原祐幸（くりはらゆうこう）防衛庁長官だったが、そこには呼び出された幹部との間を取り持つだけではなく、斗酒（としゅ）なお辞せずの酒豪でもあった夏目の存在も大きかった。その証拠に、一九八五年六月に退官した後も、その自宅には背広組・制服組問わず、多くのひとが飲みに押し寄せたのだった。

とはいえ、ズバッと斬るときは斬った。

一九八七年三月、夏目は、防衛大学校の五代目校長に就任した。再登板した栗原長官の強い推挙だった。たしかに、夏目は防衛庁時代に教育課長を務め、理工系一辺倒だった防大に人文科学系を導入した功労者ではあったが、防大の校長は初代（槇智雄）、三代（猪木正道）と著名な学者が務めた。そのため、教官たちのあいだで不平不満が爆発。夏目は教授会で、「校長の所見を承りたい」としつこく訊かれるなど、執拗ないやがらせを受けるハメになった。

もとよりそれで怯む夏目ではなく、ある会議の席でこう切り返した。

「あなた方としゃべっていると、俺は昔の国会を思い出す。しかし、国会議員のほうがよっぽど思想的にしっかりしたバックボーンをもって質問した。いまの先生方のを聞いていると、嫌みだけじゃないか。いじめでしかないいじゃないか」（前掲書）

予想外の反撃を食らった教官たちは、それ以来、いやがらせをやめるようになったのだった。ふだん惚けているが、決めるときは決める。そんなところが、時代劇の主人公にあやかって、夏目が「眠狂四郎」とあだ名されたゆえんだろう。

夏目校長は、女子学生の受け入れなどを実現して、一九九三年九月、退任した。時代はすでに平成になっていた。

田母神論文事件に「いつか来た道」

こういう人物だから、その思想はなかなか摑みづらい。

夏目は防衛庁長官だった加藤紘一を「非常にドライな冷たさを感じる」と厳しく評している。リベラルな人なので、「防衛庁・自衛隊が嫌い」なのだろうと。そのいっぽうで、超法規発言で統幕議長を事実上解任された栗栖弘臣については、トップになった人は現役時に「正しいと思ったら、いわないといけませんね」とも同情的に述べている。

ところが、二〇〇八年の田母神論文事件（第一一章参照）のあとに出された、つぎのようなコメントを読むと、オヤと思わざるをえない。

「軍隊は限りなく自己増殖する恐れがある存在」「ここ十年ほど、制服組の動きがおかしいな、台頭が著しいなと思ってきたが、それを象徴するように、田母神前航空幕僚長の論文が問題になった」「背景には［中略］国民から支持されるようになってきたことで、制服組が思い上がりとも思える自信過剰になってきたことがある」「制服組を容易に政治に直結させてはならない。最後までは行かないと期待しているが、今、いつか来た道を歩きだしたのではないか、との不安をぬぐえない」（「田母神前空幕長論文の背景　文民統制の緩み象徴」『中国新聞』二〇〇八年一一月一六日付朝刊）。

それまでの文学的な韜晦抜きの、なんとも直接的な表現だ。やはり田母神の発言は本職と関係ないという認識だったのだろうか。夏目は、二〇一六年九月二一日に八九歳で亡くなったので、いまはその答えを知る由もない。

文学部国史学科より防衛庁へ

では、もうひとりの西廣はどうだったか。

西廣整輝は、一九三〇年六月二四日、神戸市に生まれた。満洲事変が勃発する約一年前である。軍事衝突が立て続けに起こる時代、西廣は、内務官僚だった父・忠雄の転勤にあわせて、小学校は長野、静岡、東京の三校に通い、中学校は東京、宮崎、京城（現・ソウル）の三校に通った。そしてそこで終戦となり、原爆で焼け野原となった父の郷里・広島市に引き揚げた。

やがて西廣は、宮崎県立都城中学校に転入するも、こんどは一九四八年の学制改革（旧制中学を新制高校に改組）に際会。その後、高校生となり、宮崎県立都城泉ヶ丘高校、東京都立第四高校（現・東京都立戸山高校）、大阪府立大手前高校を経て、一九五〇年四月、東大に進んだ。

西廣整輝

まさに目まぐるしい転校歴だが、そのなかでも、滞在の長かった宮崎の思い出は深かった。卒業論文のテーマにも「飫肥藩の富国策」を選んでいる。飫肥藩は、小村寿太郎を出した、宮崎県南部の藩だ。このことからもわかるように、西廣は、法学部ではなく文学部国史学科を卒業した。

本当は、研究者の道を志したという。ところが、家庭の都合で就職せざるをえなかった。詳細は不明だが、戦時下に宮崎県知事や朝鮮総督府警務局長などを歴任した父が、公職追放の憂き目にあったことも関係しているだろう。西廣は、一九五六年四月、二五歳で防衛庁に入庁した。生え抜き採用組の二期生だった。やむなく――という点では、夏目と似ていなくもない。

それにしても、なぜあえて防衛庁なのか。追悼集には、国防の意義を早くより見抜いていたとの賛辞も見えるけれども、真相は、もっと現実的なものだった。西廣は、建設省（現・国土交通省）とのあいだで迷ったが、最終的に「何に生涯を賭けるかは難しいテーマだが、同じ若い官庁と云っても、執務環境という点では、事務、技術の対立を抱え込んだ建設省よりも、防衛庁の方がのびのびと仕事ができ、自分の思う所を多く実現できそうだ」という理由で、防衛庁を選んだという（金湖恒隆「波乱の半世紀、気分は腰巾着」『西廣整輝』収載）。

当人も、事務次官就任後、新聞の取材に答えて「地方転勤がなさそうだから」「まだ、できたばかりの役所。白紙に絵を描くように、自分たちでルールをつくっていった。入ってよかったと思います」と赤裸々に語っている（「西広整輝さん＝防衛庁生え抜き初の事務次官」『毎日新聞』一九八八年六月一六日付朝刊）。

プリンスとして期待される

西廣ははじめ、経理局会計課に配属された。まもなく大蔵省より出向してきた課長の岩尾一は、当時の防衛庁の庁舎について「窓はガタガタで締らない。局長室に上の階から水が洩れる、会計課長室は二階だが、大事な金庫は二階では床が抜けると云うので一階に置いてあった」と振り返っている（「西廣君を偲ぶ」『西廣整輝』収載）。そんな環境ではあったが、西廣は出向組の矢崎新二（のち防衛事務次官、会計検査院長）、楢崎泰昌（のち北海道開発事務次官、参院議員）とともに、岩尾より予算の不用額や不正使用を調査する重要な仕事を任され、防衛官僚としてのキャリアをスタートさせた。

そして官房法規課を経て、一九五八年四月には、陸上幕僚監部監理部に異動。西廣は、キャリア組ではじめて幕僚監部で勤務を体験した。このように彼は、若いころより生え抜きのエースとして大切に育てられた。

その背景には、出自の影響もあった。これまでも述べてきたように、防衛庁の幹部はかなりの部分が旧内務官僚。つまり、西廣にとっては父親の知り合いばかりだった。そのため彼は、部員のころには早くも「防衛庁の若年寄」や、久保卓也と同じく「ミスター防衛庁」と呼ばれ、局長や課長も友達扱いだったという。

「西廣君は若いときから防衛庁の主みたいな顔をしている男で、お父さんも内務省の役人なんですよね。それで防衛庁へ来て。自衛隊は最初内務官僚が、内務官僚というか戦後は警察官僚になったのだけれども、そういう人たちが主要なポストを占めていますから、その人たちはみんな西廣君の親父さんを知っているんですね。だからでかい顔をしていましたよ、見習いのときから。『あの局長はアホだ』とか、『あんなのはどうってことない』とか、『俺が話してくる』とか、チンピラ部員のくせにそういうことを平気でいっていた」（『夏目晴雄オーラルヒストリー』）

たしかに西廣には、将来を約束された二世らしい、豪放さがあった。遊びの面でも多彩で、麻雀、碁、競馬、ゴルフなんでもあり。「役所では、暇さえあれば花札を座布団にたたきつけ」、終業後のバーやクラブでは、「チンチロリンとやらいうサイコロをカウンターに転がす遊びで、女の子から小遣いをまきあげていた」（夏目晴雄「西廣君のこと」『西廣整輝』収載）。酒豪で、一日一〇〇本と豪語するヘビースモーカーでもあった。

そのいっぽうで、西廣は繊細な一面もあり、部下の面倒見がよく、非常に親切だった。「防衛庁のプリンス」として将来を期待されたのも、なるほど無理からぬものがあった。

有事法制は「金庫にしまっておけばいい」

そのプリンスの真価が試されたのが、一九七五年九月、四五歳で防衛局防衛課長に任命されたときだった。西廣はここで「防衛計画の大綱」の立案に関わることになった。

防衛大綱や、そこで示された基盤的防衛力構想については、当時事務次官の久保卓也が思想的バックボーンだといわれているが、実際は西廣やその部下の宝珠山昇など、実務担当者の調整も無視できない。すでに第六章で指摘したように、宝珠山は「基盤」云々というネーミング自体も西廣の発案ではなかったかと指摘している。

「基盤という言い方をしたのは［久保と］どっちが先かというと、私は文学者の西廣さんじゃないかと思っているんですがねえ」（『宝珠山昇オーラルヒストリー』上巻）

久保も早くから「基盤」といっているので、その真相は定かではない。ただ、文学部出身の西廣はその点で、注意を集める存在だった。同じく東大文学部出身の坂田道太防衛庁長官より、「これからの時代は頭の固い法学部の出身ではダメだ。柔軟かつ独創的な発想のできる、文学部の出身でなければダメだよなあ」とも声をかけられている（坪井龍文「懐かしい西廣さんのこと」『西廣整輝』収載）。

いずれにせよ、久保理論に不平を鳴らす幹部自衛官を説得して回ったことで、西廣の調整力が評価されたのは事実だった。そのセールスポイントは、もはや入庁年次の早さや毛並みの良さだけではなかった。防衛大綱をまとめたことにより、西廣は防衛官僚としての立場を確固たるものにしていく。

では、西廣自身はどのような考えの持ち主だったのだろうか。それを端的に示すエピソードが残っている。

西廣が、山口県警察本部長（出向）、官房長などを経て、防衛局長になっていた一九八七年ころ。ＦＳＸ（次期支援戦闘機）の開発をめぐって米国のアーミテージ国務次官補との難交渉に臨むかたわらで、ある威勢のいい部下から、こんな論争をふっかけられた（「有事法制関連法案　日米地位協定変える覚悟か」『朝日新聞』二〇〇二年四月二七日付朝刊）。

「なぜ有事法制を作らないのですか。法制化して運用要領を作らなければ、いざというときに自衛隊は使い物にならない」

栗栖弘臣統合幕僚会議議長が、万が一侵略を受けたときには「超法規的」に対応せざるをえないと発言し（次章）、事実上解任されたのが一九七八年。発言はこうした動きを受けてのものだったが、西廣は言下に否定した。

「考えてもみろ。対ソ抑止が破れて戦争になったら、日本は焦土になる。そんな戦争を国民が支持すると思うか。有事法制は研究して金庫にしまっておけばいいんだ」

「脅威対抗」にせよ、「基盤的防衛力」にせよ、あくまで抑止。本当に本格的な有事になったら、国も国民も持たない。それが西廣の考え方だったようだ。

一九八八年六月、事務次官に就任したときも、似たことを述べている。

「日本は輸出に頼る高度産業国家。戦争は絶対、避けなければ……。そのための抑止力も米国に依存せざるを得ず、対米政策が防衛の原点。そこを忘れると、戦うことばかり考えて、変な方向へ行ってしまう」（前出『毎日新聞』記事）

少なくとも、東西冷戦の当時、これは突飛な考え方ではなかった。だからこそ、一九八八年六月、事務方の最高位まで上りつめたのだろう。そして在任中に改元を迎えたため、彼は平成で最初の防衛事務次官ともなった。

西廣は引退後、次官経験者の多くがそうであるように、天下り先を渡り歩いたが、一九九四年二月、細川護熙（ほそかわもりひろ）首相の私的諮問機関「防衛問題懇談会」の中心メンバーに選ばれた。そして同年八月、新任の村山富市首相に報告書を提出。それが、翌年一一月に改定された、新しい防衛大綱のたたき台となった。そしてこのときも基盤的防衛力構想ということばは残された。

西廣は直後の一九九五年一二月四日に急逝してしまうので、その専門家としての知見の多くをこの防衛思想に捧げたということになる。

もっともそれも、その後急速に改められていく。二〇一〇年に基盤的防衛力構想が見直されたのは先述したとおり。もうひとつの、「金庫にしまっておけばいい」といわれた有事関連法制も、二〇〇三年六月、小泉純一郎内閣のもとでついに整備された。

これは、西廣の考えが正しかったか否かと単純に語れるものではない。東西冷戦の時代と現在では、日本周辺の安全保障の環境も決定的に異なっているからだ。

ただし、この有事関連法制の成立に防衛局長として尽力した官僚が、かつて西廣防衛局長に「なぜ有事法制を作らないのですか」と論争をふっかけた部下だったのは、いささか因縁めいている。そしてその官僚こそ、ほかならぬ「防衛省の天皇」守屋武昌だった。守屋が五人め（夏目を含めば六人め）の「生え抜き」次官に就任するのは、その直後のことである。

第八章　超法規的にやるしかない――栗栖弘臣の早すぎた正論

「いざとなった場合は、まさに超法規的にやる以外にないと思うんです。そのときは日本国民も、超法規的行動を許す気分になるものと期待しているんですけどね」

第一〇代統合幕僚会議議長の栗栖弘臣は、一九七八年七月一七日発売の『週刊ポスト』のインタビューで、「内閣総理大臣の命令がない限りは、いかなる緊急事態でも、自衛隊としては何もできない？」と問われて、日本漁船の保護や、他国飛行機の接近にたいする緊急発進などを例に挙げながら、そういう事態には煩雑な事務手続きを待っていられないとして、さきほどのように答えた。

制服組のトップが「超法規的」とは、穏やかではない。栗栖はそう問われても、あらためてこう強調した。「現地部隊がただ手をこまねいていることは、おそらくないと思いますね。止むに止まれず、超法規的行動をとることになるでしょう。それは一種の正当防衛ですから……」（文藝春秋編『戦後50年日本人の発言』下巻より引用。傍点は原文ママ）。

これがいわゆる「超法規発言」事件の発端である。栗栖は、同月一九日の定例会見でも自説を開陳、それが新聞各紙で問題発言として報道された。そして二〇日に「この問題を

栗栖弘臣

自分はシビリアン・コントロールにたいする正面攻撃である、非常に重大に考えておる」と金丸信防衛庁長官の不興を買い、二八日、事実上解任された。まさに電撃的な動きだった。

今日のわれわれにとっては、どこか既視感のある光景だ。いうまでもない、田母神俊雄（たもがみとしお）航空幕僚長が二〇〇八年に「日本は侵略国家であったのか」という文章で懸賞論文に応募し、やはり解任された事件がそれである。そのため田母神事件は、安全保障に詳しいもののあいだで、第二の栗栖事件ともいわれた。

退官後、刺激的なタイトルの本をいくつも出し、選挙にも打って出て敗退したという点では、たしかに両者に共通した点がないではない。では、具体的にどこが同じで、どこが違うのか。そもそも栗栖はどのような人物だったのか。

戦犯裁判で特別弁護人を務める

栗栖は、一九二〇年二月二七日、広島県呉市に生まれた。帝国海軍の一大拠点である呉鎮守府があった関係で、地元の呉第一中学校には、海軍将校や造船技術者たちの優秀な子弟が集まっていた。栗栖も同校を経て、一高・東京帝大法学部・内務省という、戦前のエリートコースをたどった（久保卓也とは内務省同期）。

初期の統幕議長は、初代の林敬三を除き、陸軍士官学校や海軍兵学校を出た旧軍人が多い。そのなかで、途中まで官僚コースをたどった栗栖の経歴は異彩を放っている。ちなみに、高等文官試験の成績は一位だったといわれ、のちに内局の幹部たちにも一目置かれる要因ともなった。

もっとも、戦局が悪化していた一九四三年九月に内務省に入った栗栖は、ただちに兵役につかなければならなかった。すなわち、海軍の短期現役士官制度で法務科士官に任官、翌年九月には、第二南遣艦隊軍法会議の法務官として蘭印（現・インドネシア）にわたり、反日ゲリラの討伐にあたった。終戦は、二五歳の法務大尉としてボルネオで迎えた。

栗栖は、「戦後みずからの受けた処遇や不幸な刑死者の悲痛な叫びから、どうしても新国軍を再建しなければならぬと思った」（栗栖弘臣『仮想敵国ソ連』）と、のちに警察予備隊に入った理由を述べている。

そのことからわかるように、現地で行われた戦犯裁判は栗栖の人生に暗い影を落とした。みずからも戦犯の嫌疑をかけられたからだけではない。特別弁護人を務めるなどしたにもかかわらず、多くの戦友が死刑を含めた有罪になってしまったからである。そのため、栗栖は一九四八年二月に復員してからも、密かに持ち帰った遺書や遺品を、全国に散らばる遺族に渡して歩いた。

それとともに、栗栖は「かつてのごとく一国の運命を直接左右し政治の方向まで決定したような思い上った国軍には決してしてはならぬ、国民常識の通用する軍隊でなければならぬと決意した」（前掲書）とも語っている。

結局、年齢的に民間に移るのがむずかしかったこともあり、栗栖は一九五一年、創設まもない警察予備隊に入った。階級は、警察士長（三佐＝少佐相当）だった。

ミリテールか、デファンスか

このように草創期から入隊した栗栖ゆえに、「自衛隊は軍隊なのか、それとも違うのか」という疑問にもさまざまな場面でぶつかることになった。

自衛隊の特殊な用語はその典型だろう。一九五七年、栗栖は初代の防衛駐在官としてフランスに滞在したが、そのとき、その職名をどう訳すかが問題になった。

通常、大使館付きの武官（駐在武官）は「アタッシェ・ミリテール」と訳される。だが、「ミリテール」では軍の意味になってしまうので、防衛庁も外務省も「アタッシェ・ド・

デファンス」で行け、と伝えてきた。アメリカで「ディフェンス・アタッシェ」で登録できたこともその背景にあった。

しかるに、フランス国防省は「この名称はなんだ」と拒絶したことで大事になった。困った日本大使館は本国に問い合わせるも、「デファンスでなければ」の一辺倒。といって、ふたたびフランス国防省に書類を回しても結果は同じだった。しかもそんなやり取りをつづけるうち、ついにフランス側が「それならば武官として認めない」と怒り出してしまった。

それでも日本側は「ミリテールでは困る」という態度を頑なに変えなかった。結局、フランス側が「アタッシェ・デ・フォルス・ド・デファンス」でどうか、それなら認めると折衷案を出してくれて、ようやく一件落着した（麓保孝、栗栖弘臣『自衛隊改造論』）。

ミリテールか、デファンスか。いかにも些細なことのように思われる。だが、日本では「軍」や「兵」ということばが極端に忌避されていた。戦車もある時期まで特車といわれていたし、現在でも、歩兵は普通科、砲兵は特科、工兵は施設科などと呼ばれている。これらの名称は、後藤田正晴が関わったと証言している。自衛隊の階級が海原治の反対で旧に復さず、特殊なものとなったことも、第五章ですでに述べたとおりだ。

旧軍出身の制服組幹部たちは、このような措置を不満に思いながらも、敗戦の負い目かかった。

ら、内局に表立って歯向かわなかった。ところが、異例の経歴をもつ栗栖はその限りでな

広島市内で戦車パレードを断行

「世の中の眠っている時／騒しい時／静かな時／黙々として／国家の尖兵となろう」。一九六二年八月、四二歳で帰国して、第四普通科連隊の連隊長として帯広におもむいた栗栖は、このような宣言を作成した。

高度経済成長まっただなかの当時、自衛隊は隊員の確保に苦しんだ。入ってくる人材も、「一人でバスに乗れない、バス賃が払えない、お金の計算ができない」「手紙も書けないし、平仮名も読めない」(『仮想敵国ソ連』)ようなありさまだった。栗栖はこのような隊員を率いるために、行動の指針を作り、率先垂範(そっせんすいはん)しなければならないと考えたのである。

そこから、栗栖の大胆な行動がはじまった。釧路市で部隊の通過を反対され、現職の社会党代議士や労組幹部らに「生意気なお前を直ちに首にしてやる。おれは防衛庁長官をよく知ってるんだ」などと怒鳴られたときは、

「よろしい、それほど主張するなら現地での阻止行動に反対しない。しかし、われわれは断じて引っ込まない。部隊の威力で押し通る」

と返答。さらに、「衝突するのは困る」と狼狽する相手に、

「それなら私が現地で部隊の先頭に出るから、あなたも先頭にきてくれ。そこで話をつけよう」

と述べ、ついに「実力行動はやらない」との譲歩を取り付けた（前掲書）。

第一三師団長時代には、広島市で戦車も動員した大規模なパレードを断行。こちらは各地で自衛隊の行事が中止になっていた一九七〇年代前半に、よりにもよって平和運動の中心地でやったものだから、大きな話題となった。混乱を恐れて、県知事、県警本部長、さらには防衛庁首脳からも反対の声が上がったほどだった。

ここでも栗栖は反対する広島大学の名誉教授を相手に、大立ち回りを演じた。

「われわれを税金で養っている一般国民に対して一年一回それを見せるのは義務だ」

「なにをいうか、原爆の慰霊碑の前を鉄のキャタピラで通るとは冒瀆も甚だしい」

「あなたはウェストミンスター寺院に行ったことがあるか」

「ある、それがなにか」

「あそこでは聖人の遺体の上をふむことによって魂をなぐさめている。だからわれわれも慰霊塔の前を威儀を正して行くことによって鎮魂をやっているのだ」（『自衛隊改造論』）

パレード当日、栗栖は、もしものときに備えて、部下に防弾チョッキを着用させた。だ

が、指揮官がビクビクしていてはだめだと、みずからは着用せず、観閲台に立った。撃たれたらかえって世論も有利に展開するだろうとの読みさえあった。

蓋を開けてみれば、反対運動こそあったものの、衝突などは起こらなかった。そのとき、こんなエピソードが残っている。パレードのあとに、婦人自衛官の靴が片方だけ落ちていた。これを見逃さなかった栗栖は、靴が脱げたのに、隊列を乱してはならないとそのまま行進した部下にたいして、靴下を贈ったのだった。

そんな人間味がありながらも、すじを曲げず、はっきり物を言う栗栖は、いつしか「直言居士」「タカ派の一匹狼」と呼ばれ、旧軍人と内局の両方から煙たがられながらも、部隊からの厚い信頼を勝ち得ていた。一九七六年一〇月、五六歳で陸上幕僚長に就任してからも、予算査定でみずから大蔵省との折衝に臨むこともあった。まさに率先垂範。栗栖が、翌年一〇月、統幕議長まで出世したのは、それ相応の理由があったのである。

問題発言続きで「前科四犯」

さて、いよいよ「超法規発言」だが、そんな栗栖だから、それ以前から問題発言でたびたび話題になってはいた。文芸批評家の福田恆存(つねあり)は、そんな栗栖を冗談めかして「前科四犯」と呼んだほどだった（福田恆存『福田恆存対談・座談集』第四巻）。

ひとつめは、陸幕長の時代、統幕議長は認証官（天皇の認証を要する官吏。国務大臣、最高裁判事、特命全権大使など）にすべきだと述べたこと。それ以降は統幕議長時代のもので、ふたつめは、専守防衛と抑止力の保持は併存しえないと文章で発表したこと。三つめは、内局の分析に反して、ソ連軍が択捉島のそばで上陸演習をしていると述べたこと。そして四つめが、「超法規発言」だった。

こういう状態だから、一九七七年一一月に就任した金丸信防衛庁長官に警戒されたのも無理からぬことだった。出征するとき両親の前で憲兵に殴られた体験をみずからの原点だと公言する金丸は、シビリアン・コントロールに強いこだわりをもっていた。にもかかわらず、一九七八年七月、問題の発言が飛び出してしまった。

「率直に、そのときの私の気持を言うなら、〝心底、不愉快〟であった」と金丸は振り返っている。有事法制の研究などには着手したところだし、そもそも「自衛官の最高地位にいる統幕議長が、純粋に軍事的な立場から、専門的な視野から防衛庁の中で意見を具申することは当然にできることだし、また、やらなければならないことである」（金丸信『わが体験的防衛論』）との認識はもっていた。

栗栖はいつものように、みずから長官に説明すればよいと思っていたのかもしれない。だが、金丸の決意は固かった。「オレは、この問題は見すごせない。断固たる措置をせねばならん」。丸山昂事務次官はそう言われたと証言している（「証言　丸山昂氏」『わが体験的防衛論』収載）。

丸山は、形式上、依願退職というかたちを取るため、辞表をもらいに栗栖のもとに向かった。丸山は、一高・東大を経て、海軍の予備士官になったという共通点をもっていた。いろいろ複雑なやり取りがあったというが、最終的に辞表が提出され、栗栖は七月二八日退職となった。事実上の解任だった。

統幕議長が退職するときは、儀仗隊が並んで栄誉礼で送る。栗栖も同じように送られたが、いつもと違って、内局の人間はいっさい参列しなかった。なお『週刊ポスト』でインタビューした軍事評論家の関野英夫によれば、問題の記事は事前に内局に見せており、「ズタズタ」になるほど修正されたという（関野英夫「報道されない部分明らかに」『栗栖問題の真相』収載）。それが事実ならば、内局は問題化して手のひらを返したことになる。

晩年まで姿勢は変わらず

その後、栗栖は軍事評論家として活躍するわけだが、それにしても、実際に緊急事態に陥った場合、当時、自衛官はどのように振る舞うべきだとされていたのか。防衛審議官だった塩田章によれば、更迭を発表した会見で人事局長と記者とのあいだで、こんなやり取りがあったという。

「目の前ではじゃんじゃん撃ってくる。住民は殺されるわ、そこらじゅうやられて大騒ぎになっている時に、自衛隊はどうしたらいいんですか」

局長は答えない。

「あ、そうか。自衛隊は、そのときは手を挙げて降参してなさいということですか」

そんな記者の声にさすがに局長も黙っていられず、

「とんでもない」と答える。すると、記者は追加で聞いてくる。

「じゃ、裏の山へ逃げなさいということですね」

「逃げろとは言えない」

「ははあ、それじゃ撃たれて死ねということですね」

「そういうことになるかな」

制服組は、「なんだ、内局は撃たれて死ねというのか」といきり立ったとされる（『塩田章オーラルヒストリー』）。あくまで伝聞にすぎないが、丸山昂が似た文脈で「そのときは逃げるんです」と発言したとの証言も残っている（『夏目晴雄オーラルヒストリー』）。

栗栖のやり方はたしかに強引だったものの、その指摘は肯綮（こうけい）に中（あた）っていたのである。だからこそ、同情するものは内局の関係者にも少なくなかった。シビリアン・コントロールをまっとうするというならば、むしろ政治家や官僚が率先して緊急事態にかんする法令を整備すべきだったのかもしれない。この点、専門外の歴史認識で問題を起こした田母神とは大きく異なっている。

そして二〇〇三年四月、長い歳月を経て、小泉政権下でようやく有事関連法案が閣議決定された。そのときインタビューを受けた栗栖は、しかし、「あいまいで分かりにくい。本気になって考えたのだろうか……」と批判的だった。自衛官が反撃できる法案の条件「事態に応じ合理的に必要と判断される限度において」についても、「修飾語が多く、何が言いたいのか。法律書を抱え、確認しながら戦うわけにはいかない」と一刀両断した（柴田友明「【特集】「超法規発言」から40年」）。

「直言居士」は晩年まで健在だった。そのいっぽうで、二〇〇一年には、毎年のように渡仏して「フランス人でも借り出した者がいないのに」といわれるほど原資料を渉猟し、『マジノ線物語』という浩瀚な戦史研究を刊行してもいる。その生き方は独特で、数多いる自衛隊出身の軍事評論家とも異なり、やはりどこか「一匹狼」的なところもあった。しかしそれがまた、空気を読まず、ハッキリ物を言うバックボーンにもなっていたのだろう。栗栖は、有事関連法案の成立を見届けるようにして、二〇〇四年七月一九日に亡くなった。八四歳だった。

第九章　共に起ち、共に死なう——三島由紀夫の片恋慕のゆくえ

「〈尊敬する人物〉三島由紀夫・アドルフ＝ヒットラー」。一九七〇年一〇月、防衛大学校人文学助教授・上田修一郎により、同校の四年生と一年生それぞれ一〇〇名にたいして行われたアンケートにおいて、ある四年生はこう答えている。「感銘をうけた本」も、『奔馬』『文化防衛論』『美しい星』『英霊の声』と、いずれも三島の作品だった（「防衛大学校生徒心理テスト集」『軍事研究』一九七〇年十二月号）。

「楯の会」の事件が起こったのは、くしくもその年の一一月二五日。三島は、みずからが二年前に組織した学生団体・楯の会メンバーとともに、陸上自衛隊市ヶ谷駐屯地の東部方面総監室の総監を人質にとって立てこもり、バルコニーで自衛隊のクーデターを呼びかけたのち、同会員の森田必勝（まさかつ）とともに割腹自殺にいたるのである。

とすると、タイミングが少しずれていれば、このアンケートは公表されなかっただろうか。いや、そうともいいきれない。なにせ、「尊敬する人物」にヒトラーをあげたものは、合計で六名もいたのだから（三島は三名）。そのうちのひとりは、「総理大臣への希望」として、「自主外交を望む、鬼畜米英にまどわされるな」とまで書いている。ちなみに、す

べて実名付き。

アンケートに答えた防大生は、一五期と一八期にあたる。前者には、吉川榮治（元海幕長）、田母神俊雄（元空幕長）が含まれ、後者には、火箱芳文（元陸幕長）、杉本正彦（元海幕長）、外薗健一朗（元空幕長）が含まれる。残念ながらかれらの回答はなかったものの、回答者の多くはその後、自衛隊で高位についた。そのため、いまとなっては貴重な資料というほかない。

三島由紀夫

せっかくなので、ほかの「尊敬する人物」もみてみよう。ケネディは九名、山本五十六は六名、吉田松陰は五名、坂本龍馬、明治天皇、ナポレオンは四名、チャーチルは三名。少数の回答としては、昭和天皇、マッカーサー、毛沢東、池田大作などの名前もみえる。
意外なのは、大江健三郎だろう。大江といえば、第三章で紹介したように防大生を「ぼくらの世代の若い日本人の一つの弱み、一つの恥辱」と書いたことで、自衛隊関係者のあいだでつとに評判が悪い。回答者はその発言を知らなかったのだろうか。
あるいは、樺美智子をあげているものもいる。六〇年安保闘争で亡くなった全学連の東大生だ。こちらは「感銘をうけた本」が樺光子（美智子の母）編の『友へ』なので、思想的に共感するところがあったのかもしれない。

いずれにせよ、このアンケートは三島事件後、国会でなんども取り上げられることになる。これは防衛庁にとっても頭の痛い問題だった。少なくとも内局の一部は、三島を自衛隊のアピールのため使おうとしていたのだから。

「海原天皇」、三島の体験入隊を拒否する

三島と自衛隊が接点をもったのは、一九六六年一〇月ごろのこと。三島が、毎日新聞社の常務だった狩野近雄（かのうちかお）を介して、自衛隊への体験入隊を申し入れたのである。希望の期間はなんと半年だった。

体験入隊といっても、それまで航空会社や生命保険会社の新人研修はあったものの、せいぜい二泊三日や三泊四日。しかも、作家個人の体験入隊は前例がなかった。防衛庁内の意見はふたつに分かれた。

——人気作家に体験記を書いてもらえば、自衛隊のイメージアップになるではないか。

——いや、そんなことを認めれば、誰だって受け入れざるをえなくなるぞ。

三輪（みわ）良雄事務次官は、前者の立場だった。通常、事務方トップの支持を取り付ければ、

実現はまちがいない。しかるに、当時は別の実力者がいた。「海原天皇」こと、海原治官房長だった。そしてかれは、三島の体験入隊について後者の立場を取った。

「なるほど、三島さんに半年間各部隊の体験をやってもらって、それを連載する、結構ですね。ただし三輪さん、今までの防衛庁の行き方からすれば、例えば共産党の『赤旗』の記者が三島さんと同じような体験入隊をしたいと言った場合に、これは断れませんよ。いいですね。それを考えておきなさい。特に三島由紀夫氏だからいい、『赤旗』の記者だからいけない、ということは成り立ちませんよ」(『海原治オーラルヒストリー』下巻)

この猛反論に、三輪も「う~ん」となるほかなかった。三輪は旧内務官僚として先輩格だったが、ほんの数年前に警察庁警備局長より防衛庁に移っており、防衛政策に通じた海原に頭が上がらなかった。

それにしても、なぜ海原はここまで批判的だったのか。三島の危険性を見抜いていたというのが本人の弁。とはいえ、そのきっかけは楯の会結成だったというから、時期があわない。本当のところは、自分抜きで三島の体験入隊の話が進められていたことが気に食わなかったのではないか。「私に一言も話さない」と回想していることからも、そんな不満が透けて見えてくる。嫌いなものは徹底的に嫌う。それが海原の性格だった。

とまれ、三島の申し入れはいったん拒絶されることになった。

広報のプロフェッショナル、伊藤圭一の協力

もっとも、そんなことでかんたんに諦める三島ではなかった。このころ、田中清玄を通じて、旧陸軍で特務機関長を務め、陸自で第一師団長を務めたこともある藤原岩市(いわいち)にも接触したとされる。田中は、東大生時代より共産主義に関わるも獄中で転向した実業家。敗戦後の一九四五年一二月、昭和天皇に拝謁して退位してはならないと意見を述べたことでも知られる、フィクサー的な存在だった。

そのような努力が実ったのか、三島の体験入隊は結局、一九六七年三月になり許可された。ただし、期間は四月一二日から五月二七日までの約一カ月半。しかも、久留米の陸上自衛隊幹部候補生学校、富士学校、習志野の第一空挺団に、少しずつ在籍するというかたちとなった。

三島はこのときのことを、『サンデー毎日』の同年六月一一日号に寄せた手記で「試食」とたくみに表現している。

「ここ一ト月半の間に私のしたことは、陸上自衛隊といふ大きなヴァラエティーに富んだ食品デパートの、いろんな棚の食品を、片つぱしから試食してみた、といふにとどまる。多くの食品は私の口に合つたが、空挺とレインジャーだけは、とても固くて強烈で嚙(か)みこ

なせなかった」(「自衛隊を体験する――46日間のひそかな〝入隊〟」『決定版 三島由紀夫全集34』収載)

長年のボディービルで筋肉には自信があった三島も、当時四二歳。富士学校でのレンジャー訓練と、習志野での空挺訓練は、さすがに堪(こた)えたようだ。

こうした三島の体験入隊を具体的にアレンジしたのが、防衛庁広報課長の伊藤圭一だった。これは三島にとって思わぬ幸いとなった。というのも伊藤は、同職で珍しく防衛政策に通じていたからだった(それまで広報課長は、他省庁からの出向者で占められていた)。

事実、伊藤の時代に導入された、広報の新しい試みは数多い。米軍からフィルムを借りて広報映画『科学の脅威』を作り、それを松竹の映画館で上映する。一般の映画撮影に自衛隊を協力させる。小田急の向ヶ丘遊園に戦車をもっていってこどもたちを乗せる。三越本店の屋上にF104戦闘機をクレーンで吊り上げて展示する。「自衛隊友の会」を作って、芸能人を呼び、部隊の前で歌ってもらう。総合展示演習(現在の富士総合火力演習)を一般に公開する。自衛隊音楽祭を実施する――。結局、伊藤の広報課長在任は、異例の五年に及んだ。

異能の官吏に異色の経歴あり。一九二二年四月八日、関東州の旅順に生まれた伊藤は、熊本の第五高等学校に進み、そこで勉強もせず、小説、映画、芝居三昧の学生生活を送ったという。それが広報課長のときにめぐりめぐって役に立った。「映画の話をしても、東宝とか東映とか松竹の制作部長よりも、遥かに私のほうが映画を観ていましたから、絶対に話に負けないわけです」(『オーラルヒストリー伊藤圭一』上巻)。その後、九州帝大法文学部に進んだが、太平洋戦争下の一九四三年一二月、中退して海軍へ。人間爆弾「桜花」の要員として特攻の訓練を受けるも、出撃の機会なく終戦を迎えた。

戦後は人事院に入り、一九五四年六月、保安庁に移籍。翌月、組織改編により、防衛庁の所属となった。典型的な「でもしか役人」だったが、そこで海原治という厳しい上司に出会い、防衛第一課部員、防衛課長、防衛局長と、防衛政策の中枢を歩むことになった。防衛大綱の閣議決定は、ちょうどその局長時代のことである。最後は、一九八四年七月、国防会議事務局長で退官した。

伊藤圭一

このような人物が広報課長だったからこそ、三島の体験入隊がスムーズに進んだ面はあっただろう。伊藤は三島と初対面のとき、好きな小説家に泉鏡花をあげて意気投合、その後も小説や芝居の話で盛り上がったという。もちろん、それは本音を言い合う仲になったことを意味しない。広報のプロフェッショナルである伊藤にとって、三島はなにより格好の宣伝材料だった。

体験入隊に協力しながら拘束された益田兼利

「営庭の国旗降下の夕影を孕んだ国旗と、夜十時の消灯喇叭のリリシズムのとりこになつてゐた」（前掲文）という三島が、のちに楯の会メンバーとなる若者たちを連れてふたたび体験入隊したいと申し出てくるまで、時間はかからなかった。

未来を予測できるはずもない伊藤は、教育訓練を担当する、陸上幕僚監部第五部長の益田兼利を三島に紹介した。そしてこの益田も、体験入隊に助力を惜しまなかった。こうして一九六八年三月、三島らは自衛隊富士学校滝ヶ原分屯所に体験入隊。これは事件が起きる一九七〇年まで毎年続いた。

益田は、三島がもっとも信頼し敬愛した自衛官のひとりとされる。一九一三年九月一七日、熊本県生まれ。陸軍大学校を首席で卒業し、大本営参謀などを歴任。終戦時は少佐。このとき、同期の晴気誠が市ヶ谷で自刃したが、益田はその介錯役を務めている。戦後は、一九五二年に警察予備隊に入り、保安隊を経て、第二師団長、陸上幕僚副長などを務め、一九六九年七月、東部方面総監に就任した。

東部方面総監。そう、この益田こそ、一九七〇年の事件で、三島たちに人質にされたそのひとだったのである。自分が協力した三島たちに拘束され、しかもその自刃と介錯を目前にするとは、なんという運命のめぐり合わせだろう。

そしてその一一月二五日の一一時。市ヶ谷駐屯地の東部方面総監部に、三島と楯の会メンバー四人が総監へ面会にあらわれた。戦前に陸軍士官学校の大講堂として建てられたこの建物は、太平洋戦争中は陸軍省や参謀本部となり、戦後は東京裁判の会場となり、ここにまた、新しい歴史を刻もうとしていた。防衛庁はこのときまだ六本木にあった（現在の東京ミッドタウン）。

益田は、総監室にやってきた三島たちをみて、ただちにその異様さに気づいた。楯の会の制服姿だけではない。そこに尋常ならざる緊張感がみなぎっていたからだった。「この部屋を出て行くふりをして、衝立（ついたて）の陰に隠れろ。どんなことがあっても出てきてはいかん」。益田はかたわらにたつ副官に、小声でそうささやいた。その意味を察した副官は指示どおりにして、一部始終を見届けることになった。

益田はことを荒立てぬよう、できるだけ穏便に、三島にソファを勧めながら、さきほどから気になっていた左手のものについて質問した。

「軍刀は真剣ですか」

「そうです。関の孫六を軍刀風に仕立てたものです」

「昼日中から、刀を携帯するのは……」

「いや、登録してあります。所持許可証をお見せしましょう」

三島は、楯の会のメンバーに目配せしながら続けた。

「ご覧ください。これが関の孫六です。良い刀でしょう」

こうして三島が刀を抜くやいなや、楯の会メンバーは益田に飛びかかり、縄で椅子にくくりつけた。

「やめたまえ。早まるんじゃない……」

これが、三島事件のはじまりだった（杉原裕介、杉原剛介『三島由紀夫と自衛隊』）。

あとの経過は、すでに述べたとおり。このとき、伊藤圭一は、警務隊（自衛隊内の警察にあたる組織）を統括する人事教育局人事一課長に転じており、事件の後処理まで担当。面識があった三島夫人の瑤子に、破損した備品や怪我人への弁償として、およそ六〇〇〇万円を支払ってもらうなどしている。そのいっぽう、益田は事件の責任を取って間もなく辞任し、多くを語らなかった。

防大生アンケートは悪ふざけだった?

「生命尊重のみで、魂は死んでもよいのか。生命以上の価値なくして何の軍隊だ。今こそわれわれは生命尊重以上の価値の所在を諸君の目に見せてやる。それは自由でも民主々義でもない。日本だ。われわれの愛する歴史と伝統の国、日本だ。これを骨抜きにしてしまつた憲法に体をぶつけて死ぬ奴はゐないのか。もしゐれば、今からでも共に起ち、共に死なう……」

三島は自衛官との交流のなかで、しばしばクーデターの可能性や、天皇にたいする認識を訊ねていた。だが、期待した答えは得られなかった。それは、事件の当日も変わらなかった。むしろ受けたのはただ猛烈なヤジだった。三島には、「自衛隊＝軍国主義」とはまた違った、自衛隊への幻想があったようだ。

では、冒頭で紹介したアンケートに回答した防大生ならば、大挙して三島と行動をともにした可能性はあっただろうか。いや、とてもそうとは思えない。

たしかに、「総理大臣への希望」に「ハヤクジジショクシロ・ハヤク死ネ」と書くものもあった。とはいえ、すべて読むと、その印象も変わってくる。

「感銘をうけた本」は「カニ工船・リンカーン・毛語録・少年ジャンプ」で一貫性に乏しく、「将来の希望」は「すべての人間から縁を切り一人で生き自ら断つこと」で、「恋人」欄は「バカナコトヲキクナ・ショセン女は快楽の道具にすぎず」、「父母に手紙を出すときの理由」は「父母・兄姉も他人のはじまり利用する時のみ書く」――。一種の露悪趣味というか悪ふざけの気配もないではない。

そもそも、アンケート全体を見ると、さほど強烈な思想的傾向もみられない。「尊敬する人物」で、もっとも多い回答は「ナシ」の三七名、そのつぎが父母など「親族」の一三名。「感銘をうけた本」にしても、林房雄の『大東亜戦争肯定論』などは例外的であって、『草枕』『こころ』『平家物語』『老子』『罪と罰』『カラマーゾフの兄弟』『レ・ミゼラブル』『若きウェルテルの悩み』など、古今東西の古典が圧倒的に多かった。三島への関心も、たぶんに文学的なそれだったのではないか。

国会で問題になったあと、中曽根康弘防衛庁長官が明かしたところによると、このアンケートはもともと公開を前提としたものではなく、ただ上田教官と『軍事研究』編集部との行き違いにより、誤って公開されてしまったのだという。そう言われれば本名での回答にも納得が行く。その真偽はさておくも、アンケートは一年生と四年生各一〇〇名ずつと言いながら、一年生は七六名分、四年生は八二名分しか掲載されていなかった。これは、あまりに不真面目な内容が多かったので、『軍事研究』側で削除したからだった（松田明『防衛大学校』）。

その不真面目とは、政治的な過激思想の意味だろうか、それとも悪ふざけの意味だろうか。どうも後者に思えてならない。三島由紀夫事件はたしかに衝撃だった。ただ、それはどこか空虚さをまぬかれなかった。なにせ、三島の自衛隊への思いは、明らかに片恋慕だったのだから。

第三部　内憂外患と動く自衛隊

第一〇章　瀆(けが)された防衛省の門出——守屋武昌の栄光と転落

二〇〇三年六月、武力攻撃事態法、安全保障会議設置法改正法、自衛隊法改正法が国会で成立・公布された。太平洋戦争の敗戦後、長らく整備されてこなかった有事法制がようやく現実のものとなった瞬間だった。

守屋(もりや)武昌(たけまさ)は、万感胸に迫るものがあった。防衛庁防衛局長として、法案の成立に奔走したからだけではない。有事法制は、防衛官僚としてもっとも思い入れの強いもののひとつだったからだ。

なぜか。時代は一九七八年の七月にさかのぼる。入庁八年目、官房総務課で企画担当の部員を務めていた守屋は、上司よりある命令を受けた。その日行われる、栗栖弘臣統合幕僚会議議長とメディアの論説委員らとの懇談におもむき、内容を記録して報告せよというのである。

第八章で触れたように、栗栖は『週刊ポスト』で「いざとなった場合は、まさに超法規的にやる以外にない」などと発言し、世間の耳目を集めていた。守屋の使命は、いわばそのお目付け役だった。守屋は会場の片隅で必死にメモを取った。そしてB5の用紙で三〇枚くらいに達したそのメモはただちに上司に届けられた。栗栖はそれから間もない七月二八日、事実上解任された。

守屋は下僚としてただ役割を果たしたにすぎない。ただ、心に大きなわだかまりが残った。有事法制がないと、いざというときに自衛隊は「超法規的」に動かざるをえない。だから、その整備が必要だ。そんな栗栖の主張が正論に思えたからだった。それなのに、自分の作ったメモが栗栖の進退に関係したかもしれない。それから守屋は本当にあのメモを出すべきだったのか、しばらく自問自答する日々を送った。

守屋武昌

そんな思いを抱えた守屋は、一九八七年ころ、上司に論争をふっかけた。相手はのちに事務次官となる西廣整輝防衛局長だった（詳しくは第七章を参照）。

「なぜ有事法制を作らないのですか」

「有事法制は研究して金庫にしまっておけばいいんだ」

そんな有事法制が、こんどはみずからが防衛局長のときに成立するのは、なんという運命のめぐり合わせだろう。そしてその直後の二〇〇三年八月、守屋は防衛事務次官に就任。四年以上の長きにわたって権勢をふるい、「防衛省の天皇」と恐れられることになる。しかのみならず、退任後まもなく汚職事件で逮捕され、その栄光はたちまちに吹き飛ぶことにもなるのである。

なんたる劇的な展開。防衛官僚として守屋が抜群の知名度を誇るのも無理はない。

民間企業を経て防衛庁へ

守屋武昌は、一九四四年九月二三日、宮城県塩竈(しおがま)市に生まれた。父の守屋栄夫(えいふ)は東京帝大卒の内務官僚で、一九二八年の第一回普通選挙のとき衆議院議員に転じ、その後、初代塩竈市長を務めた地元の名士であり、武昌はその五九歳のときの子だった。いっぽう母は栄夫の後妻で、塩竈の地酒「浦霞(うらかすみ)」の蔵元で知られる佐浦(さうら)家の分家出身だった(森功『狡猾の人』)。それからまもない太平洋戦争の敗戦により、栄夫は公職追放の憂き目に遭ったものの、戦後は弁護士として活動した。

成績優秀だった守屋武昌は、名門の県立仙台一高に進学。その後、一年の浪人と一年の留年を経て、東北大学法学部を卒業し、一九六九年三月、日本通運に入社した。高度経済成長時代の民間企業勤めはけっして悪いものではなかった。ただ、やはり政治家や官僚が多い家柄、外交官だった叔父などのすすめもあって官途をこころざし、働きながら国家公務員上級職試験に合格、一九七一年四月、防衛庁に入った。

当時は、同庁が自前でキャリア官僚を採用するようになってまだ日が浅いころ。守屋はその数少ないひとりだった。一期上には、のちに次官レースで争うことになる柳澤協二（東大法卒、内閣官房副長官補で退官。広報課長時代に広報誌『セキュリタリアン』を創刊）がいた。ちなみにキャリア官僚というと柳澤のように東大法学部卒ばかりのイメージがあるが、防衛庁をみる限り、かならずしもそうではなかった。宝珠山昇（早大政経卒、防衛施設庁長官で退官。詳しくは第六章を参照）のように私大出身者も少なくなく、逮捕後にしばしば語られたように、守屋の原動力をもっぱらコンプレックスで説明するのはいささか無理がある。

それはともかく、守屋が入庁した一九七一年は、まだ七〇年安保の余韻が残り、前年、市ヶ谷駐屯地で三島由紀夫が割腹自殺した記憶も生々しかった。自衛隊への風当たりはいまとは比較できないほど強く、防衛庁も三流官庁と侮られていた。それでもあえて進んだからには、やれるだけのことをやってやろう。守屋はそんな気概を備えた新人だった。

ちなみに、このときの防衛庁長官は中曽根康弘。中曽根は新人と昼食の場を設けて、ひとりずつ抱負を述べさせた。守屋のそれは「国民の理解が大切だから私は広報をやりたい」。中曽根の答えは「何を爺臭いことを。若い者は戦略とか政策とかに取り組むべき」だった（守屋武昌「戦争を直視せよ」）。ただ、そう言わなければならないほど、自衛隊のイメージは悪かった。

阪神淡路大震災で自衛隊の積極活用を主張

そんな守屋も、はじめから次官候補と言われていたわけではなかった。若手のころ、官房総務課の部員として、栗栖統幕議長のお目付け役をやらされたのは、すでに述べたとおり。ただ、目標を定めて突進する馬力は、課長職について以降、徐々に認められることとなった。

防衛局運用課長時代（一九八八年六月〜）には「すぐやる課長」と言われ、昭和天皇の大喪（たいそう）の礼で来日した各国要人の輸送任務を統括した。また新天皇（現・上皇）の即位の礼では、過激派の破壊工作を避けるため、京都から高御座（たかみくら）と御帳（みちょうだい）台が空輸されたが、その調整に担当課長として当たったのも守屋だった。

つづく装備局航空機課長時代（一九九〇年七月〜）、守屋は日航電事件の対応に奔走した。これは、日本航空電子工業がイランへミサイル部品を不正に輸出していたことが発覚したものだが、一歩間違えれば、大使館占拠事件で同国と断交中の米国との外交関係が悪化する恐れもあった。守屋はそんななかで対米交渉を積極的にまとめて、その回避に努めたのだった。

そして一九九二年六月、念願ともいうべき官房広報課長に就くと、自衛隊の海外派遣にかんする広報に力を注いだ。

そもそも自衛隊の海外派遣は、一九九一年を嚆矢とする。この年、海上自衛隊の掃海部隊が、湾岸戦争でイラクによって撒かれた機雷除去のためペルシャ湾に派遣された。日本は経済大国で石油資源を中東に依存しているのに、金だけ出してひとを出さないのか。そんな厳しい国際世論を受けてのことだった。

守屋の在任中に行われたのは、つづく一九九二年からのカンボジア派遣と、翌年からのモザンビーク派遣だった。いずれもPKO（国連平和維持活動）の一環で、自衛隊の各種部隊が送られた。自衛隊発足にあたって参議院で「自衛隊の海外出動を為さざることに関する決議」が行われたように、海外派遣は長らくタブーだった。それだけに、国内の世論は沸騰。湾岸戦争では、「湾岸戦争に反対する文学者声明」（発起人に柄谷行人、田中康夫など）まで出された。知識人のアピールなどいまやほとんど相手にされないが、当時はそれなりの影響力があったのだ。守屋は、Q&A形式の広報用パンフレット「DO YOU KNOW」を作成・配布し、このような向かい風に抗った。

こうして熱心な仕事ぶりが認められ、守屋は一九九四年七月、要職である防衛局防衛政策課長（一九九二年七月、防衛課を改組）に任命された。ここで彼は、一九七六年に閣議決定されて以来そのままだった防衛大綱を改訂する作業の中核を担ったのみならず、翌年には防衛局担当の防衛審議官も兼任して、防衛庁のあらゆる問題を一手に引き受ける大車輪の働きを見せたのである。

阪神淡路大震災の発生に際して、自衛隊の積極活用を訴えたのもこのときのことだった。とはいえ、守屋の訴えはかならずしも容れられなかった。「すぐ災害派遣を行うべき」と主張しても「いや、兵庫県知事から部隊派遣の要請が来ていない」と言われ、災害対応のために「至急法律的手当てをするべきだ」と主張しても「これまでの災害派遣で、法律上の権限がなくて何か困ったことがあったか」と反駁（はんばく）された。

情報は錯綜していた。たしかに、内局の運用課に聞いても「陸幕からそういう声は来ていない」というし、陸幕運用課も「『権限がないので住民から要請されてもやることができない』といった報告は、現地から中央まで上がってきていない」という。とはいえ、「権限を与えてもらわないと、現場は立ち往生だ」との松島悠佐（ゆうすけ）中部方面総監の意見も電話で聞いていた。そこで守屋は、現地を見なければとヘリで飛んだ。すると、中部方面総監部災害派遣担当の運用幕僚が、頭を下げてこう告白した。

「内局の長官官房長から『自衛隊の本来任務は国の防衛だが、そのために必要な有事法制がまだ整備されていないのが現状だ。それなのに本来任務ではない災害派遣時の権限を充実させるのはおかしい』と指摘され、『部隊要望として上げさせないように』と陸上幕僚監部に要請がありました。それを受け、陸上幕僚監部から中部方面総監部にもその方向で協力してほしいと伝えられたのです。以降、部隊要望事項は中央には上げていません」

なんと、災害派遣で自衛隊の権限が拡大しないように、内局が抑え込んでいたというのだ（守屋武昌『日本防衛秘録』）。現在ではとうてい考えられないが、それでも災害派遣で活躍する自衛隊の姿はメディアで広く報道され、そのイメージ改善に著しく貢献した。それはなににもまさる広報ともなった。平成年間で、自衛隊への信頼やイメージが劇的に変化することは、われわれのすでに知っているとおりである。

沖縄問題に関わり、官房長に抜擢される

一九九五年はまた、沖縄が注目された年でもあった。

九月、沖縄で米軍兵士による女子児童暴行事件が発生し、米軍基地縮小を求める県民の声が高揚。事態を重く見た日米両政府は同年一一月、沖縄に関する特別行動委員会（ＳＡＣＯ）を設置し、翌年末までに、約五〇〇〇ヘクタールの土地の返還、普天間基地の返還

およびその代替ヘリポートの建設、日米地位協定の見直しなどについて合意した。今日まで続く普天間基地移設問題のはじまりだった。

守屋は、一九九六年六月より内閣審議官を併任するかたちで、沖縄問題に深く関わった。これで守屋は、沖縄の専門家としてこれまで以上に政治家と接点をもつことになった。とりわけ橋本龍太郎内閣の梶山静六官房長官、古川貞二郎官房副長官らの覚えはめでたく、一九九八年一一月、防衛施設庁施設部長より一足飛びで官房長に抜擢される布石ともなった。

その背景には、前年九月に発覚した、防衛庁調達実施本部背任事件もあった。この事件は、電子機器メーカー「東洋通信機」など四社による装備品代金の水増しが判明したものの、調本側が正しい金額を返納請求せず、むしろ返納額を圧縮する見返りとして、メーカー側に天下りの受け入れを求めたというもの。証拠の組織的な隠蔽も確認されたため、調本は解体されることとなり（実際の解体は二〇〇一年一月）、額賀福志郎（ぬかがふくしろう）防衛庁長官は引責辞任に追い込まれた。

この不祥事で幹部がつぎつぎに引責辞任したため、組織の若返りが実現したのである。守屋の就任により、官房長は四期も若返った。入庁年次を勘案すれば（前任の藤島正之は六七年入庁）、じつに異例のごぼう抜き人事だった。

そしてこのとき、同じく抜擢されたのが、情報本部副本部長から運用局長となった柳澤協二にほかならなかった。だからこそ守屋は柳澤をライバル視した。そしてその追い落としを図った。

絶好の機会はまもなくやってきた。守屋が防衛局長に進んでいた二〇〇二年のこと、防衛庁の幹部たちが一〇〇名を超える情報公開請求者の個人情報を閲覧していたという不祥事が発覚した。官房長の柳澤はこれに対応したものの、記者会見の内容が二転三転するなど不手際を演じ、防衛研究所所長に更迭されてしまった。

その背景には、守屋が柳澤の周辺をみずからの側近で固め、意図的に柳澤への情報を遮断したためともいわれる（田村建雄「独裁者　守屋武昌の告白」）。

二〇〇三年には、もうひとりの次官候補だった、防衛施設庁長官・嶋口武彦（早大法卒、六九年入庁）の芽もつぶされた。五月に起きた宮城沖地震後の緊急幹部対策会議に、嶋口が酩酊状態で出席したと報道されたからだった。これも、守屋やその周辺が週刊誌に情報をリークしたためと言われる。

権力闘争とは恐ろしいものかな。守屋は有事法制の成立に向けて旺盛に働くいっぽう、事務次官ポストを目の前にして、ギラギラとした権力欲を隠さなくなっていた。

念願成就も束の間、山田洋行事件で逮捕

守屋は官房長のとき、デスクに西廣整輝の写真を飾っていた。生え抜きで事務次官になった「防衛庁のプリンス」だ。それは事務次官への強烈な意志だったのではないか。そして二〇〇三年八月、その日はついにやってきた。

すでに権勢を振るっていた守屋次官は、なるほど「天皇」と呼ぶにふさわしいほど、ますます存在感を発揮した。人事権を掌握し、有為の人材を登用するかたわら、意に沿わないものをつぎつぎに閑職に追いやった。

そのうえ、政治家との豊富な人脈を駆使して、上司である防衛庁長官との衝突も辞さなかった。内局優位の象徴のひとつ、防衛参事官制度の存廃をめぐり、廃止派の石破茂をねじ伏せたことはよく知られる（同制度は二〇〇九年にようやく廃止された）。

その権力は誰の目にも危うく映った。それでも、二〇〇一年九月の米国同時多発テロを受けて、テロ対策特措法やイラク特措法などの重要法案を抱え、普天間移設問題がこじれているとき、防衛政策に通暁した守屋は、なかなか辞めさせられなかった。次期次官と呼び声が高かった防衛施設庁長官の山中昭栄（東大法卒、七二年自治省入省）も、普天間問題で守屋と対立して二〇〇五年に更迭された。

こうして、人材がいないとの大義名分のもと、定年延長が繰り返され、守屋の在任期間は四年以上に及んだ。その間の二〇〇七年一月、防衛庁はついに防衛省に昇格し、守屋はその初代事務次官の栄冠もいただいた。

そんな栄光輝く「天皇」に引導を渡したのは、新任の防衛大臣、あの小池百合子（現・東京都知事）だった。守屋の後任人事をめぐって深刻な対立が生じ、メディアの注目も集めたため、安倍晋三首相の介入で、両者とも辞職する痛み分けのかたちで決着となったのである。こうして守屋は同年八月、防衛省を去った。もとより彼ほどの大物次官ならば、その後の影響力もただならぬものがあるはずだった。

ところが、そこに汚職疑惑が降って湧いた。守屋が長らく、防衛専門商社である山田洋行の元専務・宮崎元伸（元航空自衛官。その当時は独立して日本ミライズを創業）よりゴルフなどの接待を受けていたというのだ。

これだけで自衛隊の倫理規定違反だが、それに加えて、日本ミライズが防衛庁と随意契約できるよう口利きを図ったとの疑いも加わった。急転直下、退官後わずか三カ月後の二〇〇七年一一月、守屋は共犯とされた妻（元防衛庁職員）とともに逮捕された。そして最終的に収賄と偽証（議院証言法違反）で懲役二年六カ月の有罪となり、二〇一〇年九月、収監された。「天皇」にしては、あまりに虚しい顛末（てんまつ）だった。

それにしても、守屋はなぜ不正に手を染めてしまったのか。どうも家族関係に理由があったらしい。守屋は浮気が妻に発覚して以来、家庭内で立場を失い、長男の非行も止められなかった。その悩みを、先述の宮崎に打ち明けた。守屋との関係を親密にしたい宮崎はこの問題に取り組み、ついには山田洋行グループの遠洋漁船にその長男を乗せて、みごと更生させたという。これで、守屋は宮崎に頭が上がらなくなった。その接待も止められなくなった（森功『狡猾の人』）。

嘘みたいな話だが、どこの家庭でもありえないことではない。浮気も、こどもの非行も、父の権威で圧殺できる時代はとうに終わっていた。それなのに、その父は昭和式の仕事人間のままだった。そこに悲喜劇があった。

守屋については、横柄だと批判されるいっぽうで、現場をよく回っており、自衛隊への理解も深かったと評価する向きもある。有事法制の成立に携わり、防衛省昇格に立ち会ったという重要性も揺るぎない。ただ、身から出た錆ですべて台無しにしてしまった。

若き日、自衛隊のイメージをよくしたいと入庁動機を語っていたのに、最後はみずから泥を塗ってしまった。防衛省最初の事務次官というシンボリックな存在だけに、その門出を潰した罪はなお重い。

第一一章　歴史観を書いて何が悪い――「お調子者」田母神俊雄

田母神論文事件についてはあらためて説明するまでもない。航空幕僚長だった田母神俊雄が、アパグループの懸賞論文「真の近現代史観」に「日本は侵略国家であったのか」という文章を応募して最優秀賞に選ばれたものの、その内容が政府の統一見解から大きく乖離しているなどとして、二〇〇八年一〇月末、同職を解任されたという事件である。

幹部自衛官がみずからの歴史観を書いて何が悪いという意見もあるのかもしれない。ただその文章の内容は、あまりにレベルが低かった。たとえば、一九二八年六月に発生した張作霖爆殺事件（満洲某重大事件）について、田母神は「関東軍の仕業であると長い間言われてきたが、近年ではソ連情報機関の資料が発掘され、少なくとも日本軍がやったとは断定できなくなった」「最近ではコミンテルンの仕業という説が極めて有力になってきている」と述べている（『WiLL』二〇〇九年八月号増刊より引用）。

それが本当だとすれば定説を覆すたいへんな発見だが、ここで田母神が根拠として挙げるのは、ユン・チアンとジョン・ハリデイの『マオ』、黄文雄の『黄文雄の大東亜戦争肯定論』、櫻井よしこ編の『日本よ、「歴史力」を磨け』。さらにそのもとを探ると、あるロシア人歴史家のたんなる伝聞と類推の産物にたどりつくというお粗末さだった（秦郁彦『陰謀史観』）。

それ以外にも「実は蔣介石はコミンテルンに動かされていた」「実はアメリカもコミンテルンに動かされていた」という調子で、この論文はむしろ、航空幕僚長の教養レベルがこんなものでいいのかという別の危機感を覚えさせる代物だった。

田母神俊雄

さはさりながら田母神は、これを契機に保守系の論客として華々しくデビュー。二〇一四年一月には都知事選に、同年一一月には次世代の党から衆議院選挙にそれぞれ立候補、いずれも落選したが、前者では六一万もの票を獲得してみせた。

そのいっぽうで、都知事選時の選挙運動員らに現金を配ったとして、二〇一六年四月、公職選挙法違反で逮捕もされた（二〇一八年一二月、執行猶予付の有罪が確定）。田母神は良くも悪くも、近年でもっとも存在感の際立った自衛隊OBだった。

たしかに、過去にも自衛隊の最高幹部がその発言ゆえに（事実上）解任された例はある。

すでに触れた栗栖弘臣はその典型だし、専守防衛を批判した空自出身の竹田五郎統幕議長もそのひとりだった。とはいえ、田母神のそれは歴史観に関わるもので、前例とは一線を画する。

では、田母神のこの思想と行動はどのようにして生まれたのだろうか、そしてそれは果たして偶然のものだったのだろうか。

父に「防衛大学に行け」と言われて自衛隊へ

田母神は一九四八年七月二二日、福島県郡山市に生まれた。といっても、当時は郡山市に編入されていない農村地帯だった。福島県立安積(あさか)高校の担任いわく、「田母神君が住んでいたのは『田母神』というところ」。これに従えば、郡山駅より南東へ約一七キロの山間部がその出身地ということになる。その名が示すように同地に代々暮らす家柄で、家の建物は築一三〇年以上、父は国鉄の職員から農協に入り、最終的に郡山市農協の総務部長を務めた地元の名士だった。

田母神の青年期は、高度経済成長のまっただなか。東京オリンピックが盛況のうちに開かれ、カラーテレビ、クーラー、車が「新・三種の神器」として喧伝されていた。就職口は数多(あまた)あるなかで、七〇年安保闘争を間近に控え、自衛隊はかならずしも歓迎される組織ではなかった。にもかかわらず、一九六七年、田母神が防衛大学校（一五期）に進んだのは、やはりその思想性ゆえと思いきや、案外、父に「防衛大学に行け」と言われたからにすぎなかった。

「私は技術者を目指して勉強していましたが、高校二年の時に、いきなり父が『防衛大学に行け』と言い出した。というのは、親戚に三佐の自衛官がいて、その人が親戚中から尊敬される立派な人だったからです。

しかし本当のところは、私のように真っ直ぐで気性が激しい人間が一般の大学に行くと、学生運動にはまる、そうなったら大変だと思ったらしい。一般大学に行っていたら全学連に入ったかは疑問ですが、滅茶苦茶活躍していたかもしれません（笑）」（『WiLL』前掲号）

田母神は、筆者も以前インタビューしたことがあるが、このように冗談好きで、相手を積極的に楽しませようとするので、その分、真意が摑みづらい。ただ、少なくとも高校や防大の時代に、多少保守的ではあっても、のちの懸賞論文につながるような、顕著な思想的傾向は見出せない。

航空自衛隊に進んだ理由にしても、かっこいい戦闘機に乗ってみたいと思ったからだった。ただ、パイロットの適性検査で三五名の合格者のなかに入ることができなかったため、僻地勤務が多い要撃管制部隊ではなく、比較的都市部に近いところにある地対空ミサイル部隊を選んだという。韜晦（とうかい）だとしても、あまりに即物的ではある。

こうして一九七一年一〇月、田母神は第二高射群第七高射隊に配属され、幹部自衛官としての歩みをスタートさせた。

幹部学校で渡部昇一の本に出会う

では、思想的に転機となったのはいつだったのか。それは、三〇歳手前で航空自衛隊幹部学校の幹部普通課程に入ったときだった。幹部自衛官なら入隊して七、八年でかならず進む三カ月半の短いコースだが、ここで田母神は読書に目覚めた。教官からさまざまな本を紹介され、熱心に読むようになったのである。なかでも強い印象を受けたのが、渡部昇一の『ドイツ参謀本部』だった。田母神はそこから渡部の愛読者となった。

「そこからこれ［『ドイツ参謀本部』］を書いた渡部先生というのはどんな人だろうと本を渉猟（しょうりょう）しました。ベストセラーになった『知的生活の方法』はもちろん、『日本史から見た日本人』の古代編、鎌倉編、昭和編。私は渡部先生にすっかりハマりまして、私たち仲間内のグループにお招きして講演していただいたこともありました。30代はまさに渡部昇一を読んで過ごしていたようなものです」（「田母神インタビュー」）

たしかに渡部は英文学者だったが、それと同時に、安倍晋三元首相などにも影響を与えた、保守派の論客としても知られた。そして何を隠そう、アパグループの懸賞論文の審査委員長として、田母神論文に最優秀賞を与えたのは、ほかならぬ渡部だったのである。論文事件はいわば長い伏線が回収されたかたちだった。

また田母神は、三〇歳でようやく『産経新聞』を読み、新聞ごとに主張が異なることを知ったとも告白している。そして同社発行のオピニオン誌『正論』も買って読むようになった。「その月刊『正論』には書評が掲載されていますから、そこで紹介された本は読むようになる。という具合に、どんどんと本を読むようになったのです」(『WiLL』前掲号)。こうして田母神の歴史観は狭いメディア環境のなかで形成されていった。保守派の論客のそれを読んで学習したのだから、前述のような歴史観になるのは、ある意味で必然だった。

このような経緯を考えると、幹部学校の影響は意外と無視できない。自衛隊の幹部学校は、高級幹部がかならず教育を受ける重要な機関でありながら、防衛大学校にくらべて、あまり存在が知られていない。ただ、幹部自衛官の思想問題を考えるとき、その重要性はきわめて大きい。

防衛大学校ではマキイズムの看板があり、防衛学のような特殊な講義こそあるものの、ある程度バランスの取れた教育が行われている。教官も、一般の大学出身者がほとんどだ。

ところが、幹部学校の人事は、ときの自衛隊最高幹部たちの意向が強く尊重される。

最近でも、海自の幹部学校で、櫻井よしこや竹田恒泰、門田隆将など、保守系の論客が大勢呼ばれていたことが問題になった。田母神も、幹部学校で印象に残った講師として、先述の渡部にくわえて、のちに日本会議の会長を務める、田久保忠衛などの名前をあげている。幹部学校にこそ注目しなければならないゆえんである。

出世の陰で先鋭化していく言動

それはさておき、そんな歴史観に目覚めた田母神の自衛官人生は、しかし、典型的なエリートコースで堅実そのものだった。幹部自衛官の出世組は、中央の幕僚監部と現場の部隊を交互に渡り歩く。田母神もその例に漏れなかった。

一佐以降の主だったところを書き出せば、航空幕僚監部（空幕）防衛課業務計画班長、三沢基地業務群司令、空幕厚生課長、南西航空混成団幕僚長、第六航空団司令、空幕装備部長、統合幕僚学校長、航空総隊司令官、空幕長——という具合だった。

もちろん、田母神はじっとしていられるタイプでもなかった。細かくみていくと、危うい言動も目立つ。

厚生課長時代には、のちに「日本文化チャンネル桜」を開き、都知事選のときに選対本部長も務める水島総などと交流。小松市の第六航空団司令のときには、同市出身のアパグループ代表・元谷外志雄と親交を深めた。

また空将に昇進すると、靖国神社から届く例大祭の招待状に毎年のように応じ、ほかの幹部たちが総務課長などを代理出席させるなかで、部下の制止も聞かずに、みずから足を運び続けた。

さらに統合幕僚学校長のときには、新たに「歴史観・国家観」という科目を設置。新しい歴史教科書をつくる会の副会長や理事などを招くかたわらで、中国に出張したおりには、みずからの歴史観を人民解放軍の幹部に滔々(とうとう)とまくし立てた。

国防部などが入る八一大楼に招かれたときのこと。田母神は、通例どおり日本軍の非を一〇分以上にわたって説く総参謀長助理の范長龍(ハンチョウリュウ)(のちの中央軍事委員会副主席)に「お客さんに対して、何言ってんだ、ふざけんなこの野郎」と反発し、満洲国時代に同地の人口が増えているとして、「これは満州の治安がよくて、豊かだった証拠じゃないですか。残虐行為が行われるところに人が集まるわけがない」と反論した。范長龍はびっくりしたような顔をして、「歴史認識の違いを超えて軍の交流を進めよう」と言って、その場を収めたとされる(「田母神インタビュー」)。

それでもなんの咎めも受けず、二〇〇七年三月、空幕長に就任した田母神は、ますますその言動を先鋭化させていった。

毎週金曜日一五時からの記者会見でも、部下からのブリーフィングを拒否して、「いらない。自分で喋る」と自己発信。そのため、二〇〇八年四月、名古屋高裁がイラクにおける自衛隊活動の一部を違憲とする判決を出したことについて、当時人気だった芸人小島よしおのフレーズを使って、「そんなの関係ねえ」と発言してしまった。

これはさすがに批判されたものの、もはや田母神はとどまるところを知らず、五月、東大の学生サークル・国家安全保障研究会の招きで同大の学祭に招かれたときには、「爆弾発言を期待している方もいるかと思いますが」と挑発。いつもの調子で冗談を飛ばしまくったあげく、「ルーズベルト政権の中に、約三百人のコミンテルンのスパイがいた」という説を紹介しながら、「日本が侵略国家であったから戦争になったという見方がたくさん飛び回っています。しかし、そうではないという見方もあるのです」と、いささか留保しながらも、相変わらず自説を述べ立てたのだった（『ＷｉＬＬ』前掲号）。

田母神事件は特殊例として片付けられない

ここまでくると、アパグループの懸賞論文の内容と大差ない。それでも田母神の言動がすぐ問題化しなかったのは、防衛庁から昇格したばかりの防衛省がこのころ、さまざまな問題で揺れていたからかもしれない。

初代大臣の久間章生は、広島、長崎への原爆投下について「しょうがない」と発言して辞任。あとを襲った小池百合子も、後任の次官人事をめぐって「防衛省の天皇」守屋武昌と揉めて、二カ月ももたずにやはり辞任した。その後も防衛大臣は高村正彦、石破茂、林芳正、浜田靖一と目まぐるしく変わり、田母神の空幕長在任中だけで六人にも達した。

だが、いよいよ田母神が政治の表舞台に登場する日がやってきた。それは、二〇〇八年一〇月三一日のことだった。この日、懸賞論文で最優秀賞を受賞したとの連絡が入った。運命の日になることを知らずに田母神は、定例記者会見を終えたのち、大臣秘書官(大臣不在のため)、事務次官、統幕長などにその報告をして回った。

「空幕長、これは事前届けをしていましたか」

増田好平事務次官は開口一番、こう訊ねた。田母神の答えは否。現在からみれば、これが事件勃発の狼煙となった。増田は手渡された論文を一読、「これは問題になる」とただちに浜田大臣に報告し、事態は急速に動き出した。

田母神ははじめ辞表の提出を求められたが、「間違いを認めたことになる」とこれを拒否。そこで、その日のうちに空幕長の職を解かれ、航空幕僚監部付となった。さらに懲戒処分も検討されたが、処分決定までに田母神が制服姿のままみずからの歴史観を開陳することが懸念され、また半年延長されていた定年も迫っていたことから、それを打ち切るかたちで一一月三日に退職させることで決着した。まさに急転直下の早業だった（田母神俊雄『自らの身は顧みず』）。

もっともこれにより田母神は大いに名を上げ、保守派の論客として台頭していくことはすでに述べたとおりである。田母神にとって幸運だったのは、保守論壇の勢いが高まっている時代にあたったことだった。そのなかで、田母神の意見はかならずしも突飛なものではなかった。だからこそ、これまでの栗栖弘臣、竹田五郎などにくらべて遥かに幅広く活躍することができた。その冗談好きのキャラクターも、プラスに作用しただろう。

筆者のインタビューでも、「僕って面白いでしょ」というので、失礼を承知で「言葉は悪いですが、お調子者な感じさえします」と応じると、こう返ってきた。

「いやいや、そんなこと言うけどさ……、その通りだよ（笑）」（「田母神インタビュー」）

田母神は特殊例にすぎない。彼を幹部自衛官の代表にされては困る。むしろ勝手なことをされて、われわれは怒っている――。防衛省・自衛隊の関係者でこう訴えるものは少なくない。

なるほど、その意見はよくわかる。幹部自衛官全員が田母神化しているとはとうてい思えない。ただ、順当に出世したことからもわかるとおり、周囲もその振る舞いをそこまで問題だと思っていなかったのも事実ではないか。先述した幹部学校の問題に照らし合わせても、水面下で似たような歴史観が広まっている危険性もなしとしない。

これを防ぐためには、防衛大学校などであえて「穏当な歴史観」を示すことも必要になってくる。「軍人」である以上、国家や歴史にかんする知識が欠かせない。それを忌避し、免疫がない状態のままにしておくと、三〇歳ぐらいで保守系の言説に「感染」してしまう恐れがある。そしてエリートだからこそ、みずからの知性への自信もあり、なかなかそこから抜けられず「重症化」してしまう――。

田母神事件は、やはり特殊性として片付けるのではなく、自衛隊の思想問題として真剣に振り返るべきなのである。

近年、歴史の専門家と称するものたちの多くは、重箱の隅をつつくばかりで、大枠の歴史観を示してこなかった。それどころか、評論家やエッセイストの書いた歴史書のあら探しに汲々として、大枠の議論をないがしろにしつづけてきた。だが、それが結果的に、デタラメな歴史観が繁殖する遠因にもなった。

少し考えればわかるように、日本人だれもが歴史マニアではない。文化庁の「国語に関する世論調査」をみても、われわれはさほど本を読んでいない。歴史の本など、年間1冊がせいぜいではないか。そこで「最低でも一〇〇冊読め」と迫っても意味がない。それどころか、「これ一冊で日本のすばらしい歴史がわかる」とささやく保守系言論人の著作に潜在的な読者をすべて持っていかれるだけだ。田母神の歴史観を指差して笑っているだけでは、第二、第三の田母神を防げないのである。

第二章　オペレーションの時代へ

——安倍政権と伴走した「史上最長の統幕長」河野克俊

安倍晋三と相思相愛だった自衛隊のトップ——。そう表現すると言い過ぎになるだろうか。第二次安倍政権下の二〇一四年一〇月から二〇一九年四月まで、歴代最長の四年半にわたり統合幕僚長を務めた、河野克俊（かわのかつとし）のことである。

本書ではこれまで、制服組の最高幹部として、林敬三や栗栖弘臣などの統合幕僚会議議長（統幕議長）を取り上げてきた。統合幕僚長（統幕長）は、二〇〇六年に行われた防衛庁・自衛隊の大規模な組織改編で、「高位高官・権限皆無」と言われた統合幕僚会議に代わって設置された統合幕僚監部（統幕）の長をいう。

たんに名称が変わっただけではない。それまで内局や陸海空の各幕僚長に分散されていた指揮・運用の機能が統幕に集約され、統幕長がこれらの機能について一元的に防衛庁長官・大臣を補佐するかたちとなった。つまるところ統幕長は、戦前風に言えば、陸海空軍参謀総長のようなきわめて重要なポストとなったのである。

昭和の自衛隊は、東西冷戦のなかで一定の防衛力を保ちながらも、「いかに動かさないか」が主眼だった。これにたいして平成の自衛隊は、国際環境の変化や災害の多発により、「いかに正しく動かすか」が主眼になった。河野はこのような新時代を「オペレーションの時代」と呼ぶ（河野克俊『統合幕僚長』）。そのため防衛大綱も頻繁に改定され、基盤的防衛力は、民主党政権下の二〇一〇年に動的防衛力、第二次安倍政権下の二〇一三年に統合機動防衛力、そして二〇一八年に多次元統合防衛力と、目まぐるしく置き換えられた。統幕の設置は必然的な流れだった。

統幕長は、それ以前の統幕議長も含めて、通常、一、二年で交代する。ところが、河野は定年延長を三度も適用され、四年半も勤め上げた。北朝鮮の核・ミサイル実験や過激派組織ＩＳ（イスラム国）の台頭、安保法制の成立、韓国海軍のレーダー照射問題など、重要な事案が続いたとはいえ、これはきわめて異例だった。その背景には長期政権を担った安倍首相からの厚い信任があった。

河野克俊

河野のほうも、各種の取材やインタビューで安倍への支持や共感を隠そうとしなかった。それはたんに、安倍が自衛隊に理解があったからだけではない。イデオロギー的な面も大きかった。信頼する論客について筆者が訊ねたときも、「安倍晋三さんかな。よく勉強されてますよ」と驚くほど率直に回答している。

「保守、保守と言いますけど、二つあると思うんです。端的に言えば、昭和20年で線を引く人と引かない人。保守のなかでも、戦前は暗黒で100パーセントダメだったという人も多い。でも、私は線を引かないんですよ」(「河野インタビュー」)。安倍は明らかに後者というわけだった。

全寮制が楽しそうで防大を志願

そもそも河野と安倍は、ともに一九五四年、すなわち昭和二九年の生まれだった。団塊の世代でもなく、昭和三〇年代でもない。この微妙な立ち位置が、団塊の世代が熱心に加わった学生運動への違和感を生み、ひいてはリアリスティックな安全保障観を培ったと、河野はのちに振り返っている。そして奇しくもこの年は、防衛庁・自衛隊が発足したときでもあった。

河野は、一一月二八日、五人きょうだいの三男として、北海道の函館市に生まれた。父の克次は、海上自衛隊の函館基地隊司令。当時の海自幹部の例に漏れず、戦前は海軍将校を務めており（機関科将校）、太平洋戦争の開戦にあたっては、潜水艦「伊一六」の機関長として真珠湾攻撃に参加した。

真珠湾攻撃というと、航空母艦から出撃した航空部隊の戦果ばかり語られやすい。だが、じつは潜水艦からも二人乗りの特殊潜航艇（甲標的）が五隻出撃、密かに真珠湾内に潜入し、水中から米艦隊への雷撃を図った。すべて未帰還に終わったものの、戦死した九名（ひとりは捕虜）はプロパガンダで「九軍神」と讃えられ、日本中にその勇名を轟(とどろ)かせた。そしてその特殊潜航艇の母艦のひとつだったのが、ほかならぬ「伊一六」だった。そのため克俊少年は、同艦より出撃して亡くなった横山正治、上田(かみた)定(さだむ)の両軍人について「実に潔く、立派だった」とよく聞かされて育った。

父の克次は海軍の復活を信じ、三人いる息子のひとりに海上自衛官の道に進んでほしいと公言していた。ただその希望は、はじめ長兄や次兄に向けられたものだった。風向きが変わったのは、一九六二年、父が横須賀の第二術科学校長を最後に退官し、大阪府高槻市の湯浅電池（現・GSユアサ）に顧問として再就職して茨木市の社宅に転居してのちのこと。これまで官舎住まいで自衛隊に好感・興味をもっていた長兄と次兄が、大阪のリベラルな気風に当てられ、逆に自衛隊に反感を抱いてしまったのだ。

困った父は、それならばと三男の克俊に焦点をあてた。中学校の後半から高校にかけて、自衛隊の行事によく連れていき、防衛大学校のパンフレットも見せた。この作戦が功を奏した。克俊少年は、ついに防大を志望するようになったのである。ただしそれは、愛国の熱情に燃えてというよりも、全寮制に楽しそうなイメージを抱いてという、まことに戦後的な理由だった。

それでもこの進路希望について、担任の先生から「お前、気は確かか?」と反応されたぐらいだから、自衛隊にとってじつに厳しい冬の時代だった。全国の革新自治体で、自衛官の住民登録が拒否されるという人権侵害事件が起きたのも、ちょうどこのころのことである。

『坂の上の雲』が転機となり首席卒業へ

こうして、一九七三年四月、河野は防大に入校した(二一期)。のちの統幕長だから成績もトップクラスかと思いきや意外にも補欠合格で、しかも健康診断に引っかかり、あやうく即帰郷になりかけたという。「我が身に何が起きても自己責任」というペーパーにサイン押捺(おうなつ)してようやく入校という、薄氷を踏むようなスタートだった。

そもそも全寮制が楽しそうという志望動機だったから、いきなり期待はずれの連続だった。上級生からはどやされる。同級生からは関西弁をバカにされる。とはいえ、辞めたくても父の期待には背けない。進むも地獄、退くも地獄。そんな辛い状況を変えてくれたのは、ある小説との出合いだった。開国から日露戦争までの歴史を正岡子規と秋山好古(よしふる)・真之(さねゆき)兄弟を中心に描く、司馬遼太郎の名著『坂の上の雲』。入校して半年のとき、指導官にたまたま紹介されたものだった。

「それまであまり本を読んでいなかったが、『坂の上の雲』を一心不乱に読み、坂の上の雲に向かっていく明治日本人の姿に心を打たれ、自分もこういう人生を歩みたいと思った。今振り返ってみるとこの本が自分にとっての転機になったことは間違いない」(『統合幕僚長』)

河野はそこから自分も頑張ろうと勉学に励み、成績もぐんぐん伸ばしていった。そして一九七七年三月、防大を卒業するときには、専攻として選んだ機械工学科のなんと最優秀者になっていた。さらに翌年三月、江田島の海上自衛隊幹部候補生学校も首席で卒業。まさに本との出合いが人生を変えたのである。

ちなみに河野は、その後も夏目漱石、遠藤周作、三島由紀夫、山岡荘八などの作品を読み進め、自衛隊でも有数の読書家になった。それは、退官後に著された『統合幕僚長』を読んでも伝わってくる。読書遍歴が細かく書かれているからだけではない。この本が物語的で、とても読みやすいからだ。構成が悪く、回りくどいものが少なくない高官出身者の著作のなかで、これはたいへん珍しい。豊富な読書体験の賜物だろう。

イージス艦衝突事件で更迭される

それはともかく、河野が幹部自衛官への道に踏み出した一九七〇年代後半は、本書でも見てきた重要な事案が目白押しだった。防衛大綱の成立しかり、栗栖弘臣統幕議長の「超法規的発言」しかり。

結果的に河野は、前者の改訂に何度も関わり、後者の望んだ有事法制の成立も見届けることになった。それもこれも、河野が平成に要職を歴任したからにほかならない。

平成は、自衛隊のイメージが大きく好転した時代だった。一般には、一九九五年に発生した阪神淡路大震災をはじめとする災害で、自衛隊の救助活動が広く注目されたことが指摘される。河野自身は、湾岸戦争後の一九九一年に、ペルシャ湾へ海自の掃海部隊が派遣されたことを大きな節目だとする。いずれにせよ、この間に自衛隊は活動範囲を広げ、マスコミで批判される「なんとなく好ましくない組織」から、われわれの日常生活を守ってくれている「顔が見える組織」へと、徐々に印象を変えていった。

河野はそんな時代に順当に出世コースを進んだ。海上幕僚監部（海幕。戦前でいえば、海軍の軍令部にあたる）の防衛課長、防衛部長などを歴任するいっぽうで、一九九〇年、筑波大学大学院修士課程を修了、一九九七年には留学先のアメリカ海軍大学の卒業論文で最優秀賞を受賞した。二〇〇三年のイラク戦争を受けて行われたインド洋補給オペレーションでは、旗艦「はるな」で直接指揮も執った。

もっとも、挫折がなかったわけではない。二〇〇八年のイージス艦衝突事故がそれだった。同年二月、最新鋭イージス艦の「あたご」が千葉県沖で漁船「清徳丸」と衝突、漁船が大破し、乗っていた親子が亡くなった。

結論からいえば、刑事裁判では「あたご」側の無罪が確定した。ただ、それは事件から五年後のこと。折悪しく、「防衛省の天皇」と呼ばれた守屋武昌前防衛次官が前年一一月に収賄容疑で逮捕されたばかりということもあり、「また防衛省・自衛隊の不祥事か」と、海自に批判の声が殺到した。そのうえ、海幕が事情聴取のために「あたご」の航海長をヘリコプターで呼び寄せたことも、隠蔽のための口裏合わせだと火に油を注いだ。

当時の防衛大臣は石破茂だった。石破は事件発生後、海幕幹部に説明責任を果たせと指示。そこまではよかったものの、国会で航海長呼び寄せの件を追及されると、海幕を批判する側に回った。そのため、海幕防衛部長だった河野が批判の矢面に立たされることになった。記者会見では、記者につられて思わず笑ったところがなんども放送されて、不謹慎だと攻撃されもした。河野はこの苦い経験から、のちに海幕長、統幕長になってから定例会見するときも、絶対に笑わないように心がけたほどだった。

一般に石破は軍事オタクで安全保障に詳しく、自衛隊からの評判がよいと言われる。だが、河野はこの間の経緯から、石破には批判的な立場を取っている。自衛隊における石破評は、管見の限り、このように真っ二つにわかれやすい。

田母神論文事件との意外なつながり

同年三月、河野は訓戒処分を受け、掃海隊群司令に更迭された。出世はもはや絶望的で、このまま海自を去ることになるだろうと考えられた。

ところが、そこに予想だにできないことが起こった。同年一〇月の田母神俊雄の論文事件である。前章で触れたとおり、田母神はアパグループの懸賞論文に「日本は侵略国家であったのか」という文章を寄せて、航空幕僚長を電撃的に解任された。一見すると、海自には関係ない。しかるに、ここで意外な玉突き人事が発生した。

空席となった空幕長のポストには、防衛省情報本部長の外薗(ほかぞの)健一朗空将が就任した。その後任には、統合幕僚副長の下平(しもひら)幸二空将が就任した。そしてまたその後任には、護衛艦隊司令官の髙嶋博視(ひろみ)海将が就任した——。この結果、護衛艦隊司令官のポストに空きが出てしまった。そのため、河野が海将補から海将に昇格し、後任の護衛艦隊司令官に就任することになったのだった。

なんという偶然だろう。田母神が論文事件を起こさなければ、安倍首相と相思相愛の統幕長も登場しなかったというわけだ。

その後、河野は完全に出世コースに復した。二〇一〇年七月、統合幕僚副長に就任し、その後、自衛艦隊司令官（戦前の連合艦隊司令長官にあたる）、海上幕僚長を経て、二〇一四年一〇月、ついに制服組のトップである統幕長に就任したのである。

「軍隊からの安全」と「軍隊による安全」

「憲法という非常に高度な政治問題なので、統幕長という立場から申し上げるのは適当でない。ただし、一自衛官として申し上げるなら、自衛隊の根拠規定が憲法に明記されるのであれば、非常にありがたいと思う」

河野は二〇一七年五月、日本外国特派員協会で講演し、安倍首相が憲法記念日に自衛隊を明記する改憲案についてメッセージを発したことを問われて、このように答えた。おそらくこれが、河野の統幕長在任中、もっとも注目された発言だろう。

この場面で「統幕長」「一自衛官」を都合よく使い分けられるかは疑問だが、河野は前出の『統合幕僚長』で改憲論者だと明言している。「ありがたい」は偽らざる本音だった。

それだけではない。河野は統幕長の時代に、保守系雑誌の『ＷｉＬＬ』になんども登場。安倍昭恵、ケント・ギルバート、百田尚樹などと対談を繰り返した。最後の百田との対談では、とりわけ興味深いやりとりをしている。

二〇一六年八月、稲田朋美防衛大臣がアフリカ東部ジブチに派遣されている自衛隊の部隊を視察するため、終戦記念日における靖国神社の参拝を見送った。これについて百田は「アリバイ作り」と批判したが、河野は「稲田大臣は信念の強い方ですから、信念は微動だにしないでしょう」と答えている。つまり河野は、稲田の靖国参拝への強い信念を擁護したわけだ。筆者のインタビューでも、稲田について「私は国家観とか、安全保障観とかは、一致するんですよ。だから私はお仕えしていてよかったと思います」と述べていることもその傍証となる（「河野インタビュー」）。

こうした言動は、かつてであれば大問題に発展したにちがいない。これまでの防衛省・自衛隊の歴史に鑑みれば、隔世の感がある。

もっとも、過去に単純に戻るべきだと言っているのではない。筆者は、「軍隊からの安全」と「軍隊による安全」の適切なバランスをいまこそ模索するべきではないかと考える。

「軍隊からの安全」とは、シビリアン・コントロールなどにより、軍隊の暴走から市民社会が守られていることをいう。戦後は長らく、戦前・戦中の苦い思い出があったので、こというわけだ。

の考え方がきわめて強かった。とにかく自衛隊は危険だから、抑えておけ、行動させるな、

これにたいして「軍隊による安全」とは、軍隊の存在により、市民社会が他国の侵略などから守られていることをいう。平成以降、災害の多発や日本周辺の安全保障環境の激変により、こちらの考えが急速に台頭することになった。

たしかに現代日本では、自衛隊への信頼度はすっかり高くなった。しかしだからといって、「軍隊による安全」一辺倒でいいわけではない。「軍隊からの安全」もまた、古今東西の歴史を踏まえた、人類の英知のひとつである。この両者のあいだのバランスを取りながら、今後の安全保障を考えていく。それがいま求められている。河野の政治的に際どい言動も、「軍靴の響き」といった定番の批判で応じるのではなく、むしろ新しい落としどころを探るきっかけにしなければならない。そうでなければ、かつて「軍隊からの安全」が肥大したように、今度は「軍隊による安全」ばかりが肥大して、社会にさまざまな歪(ゆが)みを生み出すにちがいない。

なお河野は、退官後に発生した新型コロナウイルスの感染拡大に関連して、二〇二一年五月一二日、日本記者クラブのオンライン記者会見に出席して、菅義偉政権の対応を厳しく批判している。ワクチンの大規模接種センターに自衛隊を動員するのは仕方ないにして

も、対応が後手後手で、とても同年七月に東京五輪を開催する国とは思えず、「危機管理として失敗している」と。

政権肯定か、政権批判か、そんな単純な二分法はもはや通用しない。ただ、少なくともこのオペレーションの時代、シビリアン・コントロールが今後ますます重要になるのはまちがいない。そしてその手綱を握るのは、畢竟(ひっきょう)するところ、われわれ自身なのだ。安全保障にかんする智識がますます求められるゆえんである。

おわりに

本書は、なかば列伝形式で、戦後の安全保障をたどり、その歴史化＝物語化をめざした。ヒントになったのは、筆者が中高生のころに読んだ、帝国陸海軍の将軍や提督の活躍をまとめた雑誌特集のたぐいである。

なるほど、分厚い専門書を何百冊も読んだほうが、厳密な知は得られるかもしれない。だが、人間はだれしも専門家やオタクではない。むしろほとんどのひとは、限られた時間のなかで、それでも知識を習得して、たとえば国政選挙などで、まともな判断を下そうと日々努めている。

一般書は、かかる健全な生活者、良き素人にこそ寄り添わなければならない。それを怠れば、俯瞰的な総合知を求めるひとびとは、すべてユーチューブの動画などに持っていかれてしまうだろう。筆者が、専門書も参照しながらも、優れた歴史読み物のひそみにあえてならおうとしたゆえんだ。

この試みが成功したかどうかは読者のご判断をまつほかない。もし本書を読んだあと、ニュースでシビリアン・コントロールや防衛大綱ということばを見つけてオヤと思い、それらに関わった防衛官僚や幹部自衛官たちに思いを馳せてもらえば、これにまさる成果はない。

なお本書の内容は、現代史にも属する。そのため、存命者にはできるだけインタビューを行った。ご協力いただいたかたがたには、この場を借りてあらためてお礼申し上げる。一部実現できなかったインタビューもあるが、それは今後の課題としたい。

本書のもとになった「防衛省の研究」は、『一冊の本』(朝日新聞出版)の二〇二〇年二月号から二〇二一年五月号にかけて、全一六回にわたって連載された。今回収録するにあたり、内容を大幅に加筆・修正した。

同社の松尾信吾氏には、連載、本書を通じて長らくご担当いただいた。末筆ながら、当初の企画よりずいぶんと時間がたってしまったことをお詫びしつつ、積日のご交誼に感謝申し上げる次第である。

主要参考文献

資料集など

大嶽秀夫（編・解説）『戦後日本防衛問題資料集』第一〜三巻、三一書房、一九九一〜一九九三年。

外務省外交史料館日本外交史辞典編纂委員会（編）『日本外交史辞典』新版、山川出版社、一九九二年。

鈴木桃太郎（監修）、上田修一郎（編）『防衛大学校十年史』甲陽書房、一九六五年。

日外アソシエーツ株式会社（編）『日本安全保障史事典　トピックス1945―2017』日外アソシエーツ、二〇一八年。

秦郁彦（編）『日本官僚制総合事典　1868―2000』東京大学出版会、二〇〇一年。

秦郁彦（編）『日本近現代人物履歴事典』第2版、東京大学出版会、二〇一三年。

秦郁彦（編）『日本陸海軍総合事典』第2版、東京大学出版会、二〇〇五年。

防衛庁「自衛隊十年史」編集委員会（編）『自衛隊十年史』、一九六一年。

防衛官僚の著作、回顧録、インタビュー

伊藤圭一「三島由紀夫夫人が自衛隊に償った六百万円」『文藝春秋』二〇〇一年一月号、一四一〜一四三ページ。

海原治「一内務官僚の昭和史」『月刊官界』行研、一九八五年三月号〜一九八七年二月号（連載）。

加藤陽三『私録・自衛隊史　警察予備隊から今日まで』防衛弘済会、一九七九年。

久保卓也ほか（著）、久保卓也遺稿・追悼集刊行会（編）『久保卓也　遺稿・追悼集』久保卓也遺稿・追悼集刊行会、一九八一年。

佐島直子『誰も知らない防衛庁――女性キャリアが駆け抜けた、輝ける歯車の日々』角川oneテーマ21、二〇〇一

年。

西廣整輝追悼集刊行会（編）『追悼集　西廣整輝』西廣整輝追悼集刊行会、一九九六年。

藤島正之『空に海に陸に　防衛にかけたロマン』ジャパン・ミリタリー・レビュー、二〇〇一年。

増原恵吉、大竹政範（聞き手）「国防にタカ派ハト派の区別なし」『軍事研究』一九七二年九月号、ジャパンミリタリー・レビュー、一〇六～一一四ページ。

増原恵吉、加藤陽三、麻生茂、宮崎弘毅（司会）「座談会　自衛隊草創期におけるシビリアン・コントロール」『防衛法研究』第三号、一九七九年、防衛弘済会、五～二二ページ。

守屋武昌『「普天間」交渉秘録』新潮社、二〇一〇年。

守屋武昌『日本防衛秘録　自衛隊は日本を守れるか』新潮文庫、二〇一六年。

守屋武昌「戦争を直視せよ」『月刊日本』一七巻一二号、二〇一三年、K&Kプレス、三七～四一ページ。

守屋武昌「アメリカはあくどい国。しかし日米安保は必要です。」『情況』二〇二一年春号、情況出版、二〇二一年、四三～五一ページ。

柳澤協二『自衛隊の転機　政治と軍事の矛盾を問う』NHK出版新書、二〇一五年。

柳澤協二「「このままでは自衛隊員が死ぬかもしれない」17年前、イラク派遣を統括した男が危惧する〝最悪の事態〟」（URL=https://bunshun.jp/articles/-/46547）、「「私は詰めが甘かったので、次官レースに負けました」75歳元防衛官僚が振り返る〝熾烈な出世争い〟」（URL＝https://bunshun.jp/articles/-/46552）。いずれも『文春オンライン』、二〇二一年（二〇二一年九月五日閲覧）。

「オーラルヒストリー伊藤圭一」上下巻、政策研究大学院大学、二〇〇三年。

「内海倫オーラル・ヒストリー警察予備隊・保安庁時代」防衛省防衛研究所、二〇〇八年。

「海原治オーラルヒストリー」上下巻、政策研究大学院大学、二〇〇一年。

「塩田章オーラルヒストリー」近代日本史料研究会、二〇〇六年。

「夏目晴雄オーラルヒストリー」政策研究大学院大学、二〇〇四年。

「インタビュー（1）西廣整輝氏（元防衛事務次官・防衛庁顧問）」『ジョージ・ワシントン大学国家安全保障アーカイブ』一九九五年、URL=https://nsarchive2.gwu.edu//japan/nishihiro.pdf（二〇二一年九月五日閲覧）。

「宝珠山昇オーラルヒストリー」上下巻、政策研究大学院大学、二〇〇五年。

「丸山昂氏インタビュー」『ジョージ・ワシントン大学国家安全保障アーカイブ』、一九九六年、URL= https://nsarchive2.gwu.edu/japan/maruyama.pdf（二〇二一年九月五日閲覧）。

幹部自衛官の著作、回顧録、インタビュー

河野克俊『統合幕僚長　我がリーダーの心得』ワック、二〇二〇年。

河野克俊「「韓国軍は無礼を通り越していた」前自衛隊トップが明かす〝安倍総理にお仕えした4年半〟激動の舞台裏」（URL= https://bunshun.jp/articles/-/42206）、「前自衛隊トップが目撃した〝バイデン氏の対中戦略〟「5年前、ホワイトハウスで言われたのは…」」（URL=https://bunshun.jp/articles/-/42207）。いずれも『文春オンライン』、二〇二〇年（二〇二一年九月五日閲覧）。本文では「河野インタビュー」と省略。

栗栖弘臣『愚直なる人生』田中書店、一九七八年。

栗栖弘臣『仮想敵国ソ連　われらこう迎え撃つ』講談社、一九八〇年。

栗栖弘臣「栗栖弘臣統幕議長の「自衛隊の超法規行動」発言」『戦後50年日本人の発言』下巻、文藝春秋、一九九五年、五九二〜五九八ページ。

田母神俊雄「あれから10年　田母神俊雄が語る『田母神論文事件とは何だったのか？』」（URL = https://bunshun.jp/articles/-/9361）、「〝クビになった航空幕僚長〟田母神俊雄が語る「麻生さんは僕を守ってくれなかった」」（URL=

https://bunshun.jp/articles/-/9362)、「「田母神論文事件」から10年　本人が語る「痛恨の記者会見と〝おっぱっぴー〟」」(URL = https://bunshun.jp/articles/-/9363)。いずれも『文春オンライン』二〇一八年（二〇二一年九月五日閲覧）。本文では「田母神インタビュー」と省略。

麓保孝、栗栖弘臣『対談自衛隊改造論』国書刊行会、一九七九年。

杉田一次『忘れられている安全保障』時事通信社、一九六七年。

鈴木総兵衛『聞書・海上自衛隊史話　海軍の解体から海上自衛隊草創期まで』水交会、一九八九年。

中村悌次『生涯海軍士官　戦後日本と海上自衛隊』中央公論新社、二〇〇九年。

中森鎮雄『防衛大学校の真実　矛盾と葛藤の五〇年史』経済界、二〇〇四年。

平間洋一「大磯を訪ねて知った吉田茂の背骨」『歴史通』二〇一一年七月号、ワック、一七六〜一八四ページ。

内政史研究会編『内政史研究資料第177〜183集　林敬三氏談話速記録』Ⅰ〜Ⅱ、内政史研究会。

『WiLL　田母神俊雄全一巻』二〇〇九年八月号増刊、ワック。


その他、当事者の著作、回顧録、インタビュー

ジェイムス・E・アワー『よみがえる日本海軍　海上自衛隊の創設・現状・問題点』上下、妹尾作太男訳、時事通信社、一九七二年。

朝日新聞社（編）『入江相政日記』第一〜六巻、朝日新聞社、一九九〇〜一九九一年。

C・A・ウィロビー『GHQ知られざる諜報戦　新版・ウィロビー回顧録』山川出版社、二〇一一年。

大久保武雄『海鳴りの日々　かくされた戦後史の断層』海洋問題研究会、一九七八年。

大久保武雄『霧笛鳴りやまず　橙青回想録』海洋問題研究会、一九八四年。

金丸信『わが体験的防衛論　思いやりの日米安保新時代』エール出版社、一九七九年。

フランク・コワルスキー『日本再軍備　米軍事顧問団幕僚長の記録』勝山金次郎訳、中公文庫、一九九九年。

実松譲『日米情報戦記』図書出版社、一九八〇年。

町村金五ほか（著）、北海タイムス社（編）『町村金五伝』町村金五伝刊行会、一九八二年。

槇智雄『防衛の務め　自衛隊の精神的拠点』新版、中央公論新社、二〇二〇年。

槇智雄、堂場肇「この人と一問一答」『国防』九巻五号、一九六一年一月号、朝雲新聞社、二八～四二ページ。

松田明『防衛大学校　その教育の本質』オリジン、一九八九年。

吉田茂『回想十年2』中公文庫、一九九八年。

評伝・人物評

阿部真之助『現代日本人物論　政界・官界・財界・労働界・文化界の人々』河出書房、一九五二年。

真田尚剛「防衛官僚・久保卓也とその安全保障構想」『安全保障政策と戦後日本　1972～1994』千倉書房、二〇一六年、七五～一〇二ページ。

篠原宏「官界人脈地理　＝防衛庁の巻＝」『月刊官界』一九七五年一二月号、行研、六二～七一ページ。

高杉敏「あの人・この人　警察予備隊長官論　＝増原恵吉君＝」『政治経済』三巻九号、政治経済研究会、一九五〇年九月号、二〇～二一ページ。

田村建雄「独裁者　守屋武昌の告白」『文藝春秋』二〇〇七年一二月号、一一〇～一二〇ページ。

槇卓『近現代日本と槇家　受け継ぐグローバル思想』東銀座出版社、二〇一八年。

森功『狡猾の人　防衛省を喰い物にした小物高級官僚の大罪』幻冬舎、二〇一一年。

八木淳『文部大臣列伝　人物でつづる戦後教育の軌跡』学陽書房、一九七八年。

「お顔拝借　増原恵吉」『文藝春秋』二八巻一三号、一九五〇年一〇月特別号、文藝春秋新社、一二二ページ。

「時の人　増原恵吉」『読売新聞』一九五〇年七月二二日朝刊一面。

『槇乃実　槇智雄先生追想集』槇智雄先生追想集編纂委員会、一九七二年。

「丸味もできた生ッ粋のサーベル人」『時事通信　時事解説版』一九五〇年七月二五日、六ページ。

安全保障関係文献

阿川尚之『海の友情　米国海軍と海上自衛隊』中公新書、二〇〇一年。

植村秀樹『再軍備と五五年体制』木鐸社、一九九五年。

NHK報道局「自衛隊」取材班『海上自衛隊はこうして生まれた「Y文書」が明かす創設の秘密』NHK出版、二〇〇三年。

大嶽秀夫『日本の防衛と国内政治　デタントから軍拡へ』三一書房、一九八三年。

大嶽秀夫『再軍備とナショナリズム　戦後日本の防衛観』講談社学術文庫、二〇〇五年。

菊池武文「事務次官研究　防衛庁」『月刊官界』一九八三年二月号、行研、七八〜八八ページ。

国民新聞社編『栗栖問題の真相』国民新聞社、一九七八年。

佐瀬昌盛『むしろ素人の方がよい　防衛庁長官・坂田道太が成し遂げた政策の大転換』新潮選書、二〇一四年。

真田尚剛『「大国」日本の防衛政策　防衛大綱に至る過程　1968〜1976年』吉田書店、二〇二一年。

佐道明広『戦後日本の防衛と政治』吉川弘文館、二〇〇三年。

佐道明広『自衛隊史論　政・官・軍・民の60年』吉川弘文館、二〇一四年。

佐道明広『自衛隊史　防衛政策の七〇年』ちくま新書、二〇一五年。

思想の科学研究会（編）『共同研究　日本占領軍その光と影』上下巻、現代史出版会、一九七八年。

柴田友明「【特集】「超法規発言」から40年　今の時代に欠けた潔さ」『共同通信』、二〇一八年（二〇一九年更新）、

URL=https://nordot.app/381662296331715681（二〇二一年五月九日閲覧）。

杉原裕介、杉原剛介『三島由紀夫と自衛隊　秘められた友情と信頼』並木書房、一九九七年。

堂場肇、園田剛民、田村祐造（編）『防衛庁』朋文社、一九五六年。

轟孝夫「槇智雄初代防衛大学校長の教育理念とその淵源　アーネスト・バーカーとの関係を中心に」『防衛大学校紀要　人文科学分冊』九七巻、二〇〇八年、一～二三ページ。

中島信吾「防衛庁・自衛隊史とオーラル・ヒストリー　『海原治オーラルヒストリー』を中心に」『年報政治学』五五巻、二〇〇四年、八一～九八ページ。

中島信吾『戦後日本の防衛政策　「吉田路線」をめぐる政治・外交・軍事』慶應義塾大学出版会、二〇〇六年。

秦郁彦『官僚の研究　不滅のパワー・1868～1983』講談社、一九八三年。

廣瀬克哉『官僚と軍人　文民統制の限界』岩波書店、一九八九年。

藤原彰『日本軍事史（下巻）戦後篇』社会批評社、二〇〇七年。

防衛研究会（編）『防衛庁・自衛隊』かや書房、一九八八年。

前田哲男『自衛隊の歴史』ちくま学芸文庫、一九九四年。

増田弘『自衛隊の誕生　日本の再軍備とアメリカ』中公新書、二〇〇四年。

ミリタリー・カルチャー研究会『日本社会は自衛隊をどうみているか　「自衛隊に関する意識調査」報告書』青弓社、二〇二一年。

村上薫『防衛庁』（行政機構シリーズ17）教育社新書、一九七四年。

山本舜勝『自衛隊「影の部隊」　三島由紀夫を殺した真実の告白』講談社、二〇〇一年。

読売新聞戦後史班編『昭和戦後史「再軍備」の軌跡』中公文庫、二〇一五年。

『自衛隊誕生秘話』（別冊歴史読本四七号）新人物往来社、二〇〇三年。

「防衛大学校生徒心理テスト集」『軍事研究』一九七〇年一二月号、ジャパン・ミリタリー・レビュー、九〇〜一二一ページ。

その他文献

岩見隆夫『陛下の御質問　昭和天皇と戦後政治』文春文庫、二〇〇五年。

竹前栄治『GHQ』岩波新書、一九八三年。

宮内庁『昭和天皇実録』第十一、東京書籍、二〇一七年。

草柳大蔵『官僚王国論』角川文庫、一九八二年。

秦郁彦『陰謀史観』新潮新書、二〇一二年。

福田恆存（著）、現代演劇協会（監修）『福田恆存対談・座談集』第四巻、玉川大学出版部、二〇一二年。

本間正人『経理から見た日本陸軍』文春新書、二〇二一年。

和歌山県警察史編さん委員会（編）『和歌山県警察史』第二巻、和歌山県警察本部、一九九一年。

『香川県史』第七巻、香川県、一九八九年。

「自民党「部会」の研究①　国防部会」『月刊自由民主』三九四号、自由民主党、一九八六年、五四〜六〇ページ。

辻田真佐憲　つじた・まさのり
1984年、大阪府生まれ。評論家・近現代史研究者。慶應義塾大学文学部卒業、同大学院文学研究科中退。政治と文化芸術の関係を主なテーマに、著述、調査、評論、レビュー、インタビューなどを幅広く手がけている。単著に『超空気支配社会』『古関裕而の昭和史』『文部省の研究』(以上、文春新書)、『天皇のお言葉』『大本営発表』『ふしぎな君が代』『日本の軍歌』(以上、幻冬舎新書)、『空気の検閲』(光文社新書)、共著に『教養としての歴史問題』(東洋経済新報社)、『新プロパガンダ論』(ゲンロン)などがある。

朝日新書
844

防衛省(ぼうえいしょう)の研究(けんきゅう)
歴代幹部でたどる戦後日本の国防史

2021年12月30日第1刷発行

著者　辻田真佐憲

発行者　三宮博信
カバーデザイン　アンスガー・フォルマー　田嶋佳子
印刷所　凸版印刷株式会社
発行所　朝日新聞出版
〒104-8011　東京都中央区築地5-3-2
電話　03-5541-8832(編集)
　　　03-5540-7793(販売)

Published in Japan by Asahi Shimbun Publications Inc.
ISBN 978-4-02-295152-6
定価はカバーに表示してあります。

朝日新書

米中戦争
「台湾危機」驚愕のシナリオ

宮家邦彦

米中の武力衝突のリスクが日に日に高まっている。中国が台湾を攻撃し米国が参戦すれば、日本が巻き込まれ、核兵器が使用される「世界大戦」の火種となりかねない。安全保障学の重鎮が、複雑に絡み合う国際情勢を解きほぐし、米・中・台の行方と日本の今後を示す。

江戸の旅行の裏事情
大名・将軍・庶民 それぞれのお楽しみ

安藤優一郎

日本人の旅行好きは江戸時代の観光ブームから始まった。農民も町人も男も女も、こぞって物見遊山へ！その知られざる実態と背景を詳述。土産物好きのワケ、関所通過の裏技、男も宿場も喜ばす飯盛女、漬物石まで運んだ大名行列……。誰かに話したくなる一冊！

データサイエンスが解く邪馬台国
北部九州説はゆるがない

安本美典

古代史最大のナゾである邪馬台国の所在地は、データサイエンスの手法を使えば、北部九州で決着する。畿内ではありえない。その理由を古代鏡や鉄の矢じりなどの発掘地の統計学的分析を駆使しながら、誰にも分かりやすく解説。その所在地はズバリここだと示す。

「檄文（げきぶん）」の日本近現代史
二・二六から天皇退位のおことばまで

保阪正康

2・26事件の蹶起趣意書、特攻隊員の遺書、三島由紀夫の「檄」など、昭和史に残る檄文に秘められた真実に迫る。天皇（現上皇）陛下の退位の際のおことば、亡くなった翁長前沖縄県知事の平和宣言など、印象に残る平成のメッセージについても論じる。

朝日新書

60歳からの教科書
お金・家族・死のルール

藤原和博

60歳は第二の成人式。人生100年時代の成熟社会をとことん自分らしく生き抜くためのルールとは？〈お金〉〈家族〉〈死〉〈自立貢献〉そして〈希少性〉をテーマに、掛け算やベクトルの和の法則から人生のコツを説く、フジハラ式大人の教科書。

頼朝の武士団
鎌倉殿・御家人たちと本拠地「鎌倉」

細川重男

実は〝情に厚い〟親分肌で仲間を増やし、日本史上・空前絶後の万馬券〝平家打倒〟に命を賭けた源頼朝、北条家のミソッカスなのに、仁義なき流血抗争を生き抜いた北条義時、二人の真実が解き明かされる、2022年NHK大河ドラマ「鎌倉殿の13人」必読書。

どろどろの聖書

清涼院流水

「世界一の教典」は、どろどろの愛憎劇だった!? 今、世界を理解するために必要な教養としての聖書、超入門編。ダビデ、ソロモン、モーセ、キリスト……誰もが知っている人物の人間ドラマを読み進めるうちに聖書がわかる！ カトリック司祭 来住英俊さんご推薦。

京大というジャングルでゴリラ学者が考えたこと

山極寿一

ゴリラ学者が思いがけず京大総長となった。世界は答えのない問いに満ちている。自分の立てた問いへの答えを探す手伝いをするのが大学で、教育とは「見返りを求めない贈与、究極のお節介」。いまこそジャングルの多様性にこそ学ぶべきだ。学びと人生を見つめ直す深い考察。

朝日新書

防衛省の研究
歴代幹部でたどる戦後日本の国防史

辻田真佐憲

2007年に念願の「省」に格上げを果たした防衛省。15年には集団的自衛権の行使を可能とする「安全保障関連法」が成立し、ますます存在感を増している。歴代防衛官僚や幹部自衛官のライフストーリーを基に、戦後日本の安全保障の変遷をたどる。

いつもの言葉を哲学する

古田徹也

哲学者のウィトゲンシュタインは「すべての哲学は「言語批判」である」と語った。本書では、日常で使われる言葉の面白さそして危うさを、多様な観点から辿っていく。サントリー学芸賞受賞の気鋭の哲学者が説く、言葉を誠実につむぐことの意味とは。

となりの億り人
サラリーマンでも「資産1億円」

大江英樹

ごく普通の会社員なのに、純金融資産1億円以上の人が急増中。元証券マンで3万人以上の顧客を担当した著者は、共通点は「天引き習慣」「保険は入らない」「ゆっくり投資」の3つだと指摘。今すぐ始められる、再現性の高い資産形成術を伝授！

他人をコントロールせずにはいられない人

片田珠美

他人を思い通りに操ろうとする人、それをマニピュレーターという。うわべはいい人である場合が多く、他人の不安や弱みを操ることに長けている。本書では具体例を挙げながら、その精神構造を分析し、見抜き方や対処法などについて解説する。